U0317402

生活中危险有害因素
认知与实验

胡宗元　编著

气象出版社
China Meteorological Press

内容简介

本书以"认知生活中的危险因素,提高安全意识和防范能力"为宗旨,用深入浅出的语言阐述基础知识,用生动的案例加强认识,通过可行的实验加深理解。共分为 10 章,包括饮食安全、空气污染、水污染、噪声污染、电磁辐射、光污染及照明、用电安全、防雷安全、消防安全、粉尘爆炸等内容。本书是集教材、案例、实验指导书于一体的综合性、实用性书籍,可作为工科专业学生(非安全工程专业通用)开展危险有害因素认知教育的实验指导教材,也可供安全与环境相关专业的教学、技术和管理人员参考。

图书在版编目(CIP)数据

生活中危险有害因素认知与实验 / 胡宗元编著. --

北京:气象出版社,2016.8

ISBN 978-7-5029-6408-5

Ⅰ.①生… Ⅱ.①胡… Ⅲ.①安全防护-高等学校-教材 Ⅳ.①X924.4

中国版本图书馆 CIP 数据核字(2016)第 192158 号

SHENGHUOZHONG WEIXIAN YOUHAI YINSU RENZHI YU SHIYAN

生活中危险有害因素认知与实验

出版发行:气象出版社

地　　址:北京市海淀区中关村南大街 46 号	邮政编码:100081
电　　话:010-68407112(总编室)　010-68409198(发行部)	
网　　址:http://www.qxcbs.com	**E-mail**:　qxcbs@cma.gov.cn
责任编辑:彭淑凡	终　　审:邵俊年
责任校对:王丽梅	责任技编:赵相宁
封面设计:燕　彤	
印　　刷:北京京科印刷有限公司	
开　　本:700 mm×1000 mm　1/16	印　　张:12.25
字　　数:240 千字	
版　　次:2016 年 8 月第 1 版	印　　次:2016 年 8 月第 1 次印刷
定　　价:36.00 元	

前　　言

　　生活中的各种危险有害因素正在严重危害或威胁着我们的健康,而我们可能并不知晓它们是什么、在哪里、危害有多大、怎么防范。近年来,随着食品问题事件的频发,空气污染的日益严重,以及火灾爆炸事故、触电及雷击事故的发生,使人们逐渐意识到我们的生活并不十分安全,对生活安全知识的需求也日益迫切。但是,对于大部分人来说,准确地识别和防范生活中潜在的各种危险因素并不容易。为提高安全意识和防范能力,营造更加安全的生活环境,普及对生活中各种危险因素的认知和防范知识是十分必要的。但在没有工科背景的学生中开展危险因素认知教育是比较困难的,首要的问题是没有一本合适的教材,因此笔者编写了本书。

　　本书以"认知生活中的危险因素,提高安全意识和防范能力"为宗旨,用深入浅出的语言阐述基础知识,用生动的案例加强认识,通过可行的实验加深理解和体会。书中所有实验均经过精心的设计,并带有实验记录表、实验报告和考核评价表,一本即通,使用方便;可以说本书是集教材、案例、实验指导书、实验报告、实验记录表和考核评价表为一体的综合性、实用性书籍。

　　本书共分为 10 章,包括饮食安全、空气污染、水污染、噪声污染、电磁辐射、光污染及照明、用电安全、防雷安全、消防安全、粉尘爆炸等内容。本书可作为安全(非安全)专业学生开展危险有害因素认知教育的指导教材,也可供安全与环境相关专业的技术和管理人员参考。

　　本书由胡宗元编著,编写过程中得到了首都经济贸易大学安全与环境工程学院领导的大力支持和帮助,在此表示衷心的感谢!

　　在编写本书时,参阅并引用了国内外许多著作和文献资料,在此一并表示感谢,疏忽及漏引之处还望有关作者能及时指正。同时,由于编著者学识水平和实践经验有限,加之时间仓促,书中错误和不妥之处在所难免,恳请广大读者批评指正。

胡宗元

2016 年 6 月

目　　录

第 1 章　饮食安全认知与实验

1.1　饮食安全基础知识

　　"民以食为天"，"食以安为先"。食品是人类赖以生存和发展的最基本的必需品。随着时代进步和人们生活水平的提高以及人们对健康的不断追求，饮食安全显得尤为重要。安全、营养、食欲是食品的三要素，消费者选择食品的首要标准是安全。随着"疯牛病"、"口蹄疫"、"二噁英"、苏丹红、吊白块、毒油、毒米、瘦肉精、孔雀石绿、三聚氰胺、有毒餐具等事件的发生，使得人们逐渐意识到了饮食安全问题形势的严峻性。饮食安全问题现已成为人们热切关注和亟待解决的问题。

　　每年的 4 月 7 日是世界卫生日（World Health Day），旨在引起世界各国人民对卫生、健康工作的关注，提高人们对卫生领域的素质和认识，强调健康对于劳动创造和幸福生活的重要性。自 1950 年以来，每年于 4 月 7 日庆祝世界卫生日。每年为世界卫生日选定一个主题，突出世卫组织关注的重点领域。2015 年世界卫生日主题为"食品安全"，旨在应对食品安全的新威胁，以及新出现的病原体和抗微生物耐药性。

　　在我们的生活中，存在着种类繁多的食物和餐具。我们应该怎么去甄别食物的好坏和餐具的安全性呢？我们能为饮食安全做些什么？饮食安全是一个需要全社会共同参与、共同防范的复杂的系统工程，因此，需要我们全民参与，尽自己的一份力；同时要提高警惕，学会在事故中保护自己。本节较为系统地阐述和宣传食品安全基本理论知识以及餐具安全相关知识。

1.1.1　食品安全的概念

　　国际社会对食品安全概念已经基本形成共识，食品安全可以表述为：食品（食物）的种植、养殖、加工、包装、储藏、运输、销售、消费等活动符合国家强制标准和要求，不存在可能损害或威胁人体健康的有毒有害物质而导致消费者病亡或者危及消费者及其后代的健康。

1.1.2　安全食品分类

　　(1)放心菜

　　放心菜是蔬菜中剧毒农药的残留量没有超过规定的标准，吃后不会引起中毒的蔬菜,是对蔬菜生产的最低要求。使用残留农药测定仪可快速检测剧毒农药在蔬菜上的残留量以确定被测定的蔬菜是否可以进入市场。但是,严格说来放心菜还称不上是真正的安全食品。

(2)无公害农产品

无公害农产品是指生产地的环境、生产过程和产品质量符合一定标准和规范要求,并经过认证合格,获得认证证书,允许使用无公害农产品标志的没有经过加工或者经过初加工的食用农副产品[1],其标志如图1-1所示。

图1-1　无公害农产品标志

按照国家规定,无公害农副产品是中国普通农副产品的质量水平,产品中重金属含量和农药(兽药)残留量要符合规定的标准。标志的使用期为3年。

(3)绿色食品

绿色食品是指无农药残留、无污染、无公害、无激素的安全、优质、营养类食品,是真正的安全食品。比无公害农副产品要求更严、食品安全程度更高,并且是按照特定的生产方式生产、经过专门的认证机构认定、许可使用绿色食品商标标志的安全食品。标志的使用期为3年。绿色食品分为A级和AA级两大类,如图1-2所示。

A级绿色食品标志　　　　　　　　　　　AA级绿色食品标志

图1-2　绿色食品标志

A级:生产基地的环境质量符合 NY/T 391 的要求,生产过程严格按照绿色食品的生产准则、限量使用限定的化学肥料和化学农药。

AA级:生产地环境与 A 级相同,生产过程中不使用化学合成的肥料、农药、兽药,以及政府禁止使用的激素、食品添加剂、饲料添加剂和其他有害环境和人体健康的物质。

（4）有机食品

有机食品（图 1-3）是根据有机农业原则和有机产品的生产、加工标准生产出来的,经过有机农产品颁证机构颁发证书的农产品。有机农业是一种完全不用人工合成的肥料、农药、生长调节剂和饲料添加剂的生产体系。有机食品是安全食品中最高档、最安全的食品,是真正源于自然、富营养、高品质的环保型安全食品。

图 1-3　有机食品标志

有机食品需要符合以下条件:

①原料必须来自已建立的有机农业生产体系,或采用有机方式采集的野生天然产品;

②生产者在有机食品生产和流通过程中,有完善的质量控制和跟踪审查体系,有完整的生产和销售记录档案;

③产品在整个生产过程中严格遵循有机食品的加工、包装、储藏、运输标准;

④必须通过独立的有机食品认证机构认证。

（5）透明溯源食品

透明溯源食品是指通过建立有底线、可执行、持续改善的生产标准和品控管理体系,每一款农产品都为消费者透明呈现了生产者信息和生长履历,消费者也可以知道是谁在生产,是怎样生产出来的。通过挖掘食物背后的信息,改善信息不对称的现状,降低监管和交易成本,重建人与人之间的信任。

（6）保健食品

保健食品（图 1-4）也是食品的一个种类,具有一般食品的共性,适宜于特定人群食用,具有调节机能,特定保健或者以补充维生素、矿物质为目的,不以治疗疾病为目的,并且对人体不产生任何危害的食品。

图 1-4　保健食品标志

1.1.3　影响我国食品安全的因素及危害

(1)影响我国食品安全的因素

①微生物及寄生虫污染;

②兽药及饲料添加剂造成的动物性食品污染;

③农药及其他化学物质污染;

④假冒伪劣食品;

⑤转基因食品潜在的危险;

⑥工业污染造成的环境恶化对食品安全构成的严重威胁;

⑦容器和包装材料不合格;

⑧管理缺陷。

(2)食品安全问题会造成的危害(见表 1-1)

表 1-1　食品安全问题的危害

可能造成的危害	说明
引起急性食物中毒	食品被大量的病原微生物及其产生的毒素或化学物质污染后被摄入人体内会引起急性中毒
造成机体慢性危害	长期摄入含量较少的食物污染可引起机体慢性中毒
致畸	化工污染区胎儿、婴幼儿畸形的比例比较高
致基因突变和致癌	黄曲霉素、亚硝酸盐、N 亚硝基化合物等会致癌或诱发基因突变

1.1.4　食品优劣鉴别

(1)食品添加剂

鉴别食品的好坏,可以简单地通过色、香、味、形来辨别,但人们又容易被食物的感官质量特性所迷惑,从而产生错误的判断。为了对一种食品得出正确的评价,还得考虑一些消费者不易知晓的食品的质量特性。具有光鲜外表的食品不一定具有高的健康价值,很多厂商利用人们的猎奇猎艳心理,制造出一些外表好看却暗藏隐患的食品。为改善食品的色、香、味以及防腐和加工工业的需要,生产商在食物中加入食品添加剂,食品添加剂有许多种类,有不同的功能,常见添加剂及功能见表 1-2[2]。

表 1-2　常见添加剂及功能

添加剂	功能
防腐剂、抗氧化剂	防止腐败变质,保持或提高食品的营养价值
养色剂、护色剂、食用香精香料、增稠剂	改善感观性状(色、香、味、形态和口感等)
润滑剂、消泡剂、助滤剂、稳定剂、凝固剂	利于加工操作,适应生产的机械化和连续化

合理使用食品添加剂可以在发挥食品添加剂作用的同时而不引起人身伤害,但一旦超过限度,就会引起不良后果。要正确防范食品添加剂的危害,应做到在买东西时,务必养成翻过来看食品相关信息的习惯,尽量买含添加剂少、加工度低的食品,在知道食品中含有的添加剂之后再吃。多想想:"为什么这种核桃的表面如此干净?""为什么这种牛奶会这么便宜?"具备了怀疑精神,在挑选食品的时候,可能就会发现真相。

（2）购买食品时,注意食品包装上有无生产厂家和生产日期,看是否过保质期,是否标明食品原料和营养成分,看有无 QS 标识(见图 1-5),不能购买三无产品。

图 1-5　QS 标识

（3）打开食品包装,检查食品感官性状。不能食用腐败变质、酸败、霉变、生虫、污秽不洁、混有异物或者其他感官性状异常的食品。

（4）使用合格餐具,不使用不安全容器盛装食品。

1.1.5　常见餐具及其安全使用

1.1.5.1　陶瓷餐具

陶瓷餐具具有不生锈、不腐朽、不吸水、易于洗涤,装饰性强等优点,相对较为安全,但是陶瓷中含铅是制作工艺中不可避免的,另外还可能含有镉、汞、镭等元素。长期和不当使用陶瓷餐具容易造成慢性中毒。

陶瓷制品按其装饰方法的不同,分为釉上彩、釉下彩、釉中彩三种,铅、镉溶出量主要来源于制品表面的釉上装饰材料,陶瓷制品中含铅是长期以来制作工艺中无法避免的问题,其中釉上彩和其他劣质产品中含铅量较高。如果长期使用这些餐具盛放果汁、醋、酒、蔬菜等有机酸含量高的食品时,餐具中的铅等重金属会溶出并随食物进入人体后蓄积,会引发慢性铅中毒。因此,在选购时应注意选择正规产品,尽量选择装饰面积小的釉下彩或釉中彩餐具,尤其不要选择内壁带有彩饰的餐具。此外,到大型商场、正规超市购买也是保证品质的方法之一。新买的餐具使用前用沸水煮 5分钟,或者用食醋浸泡也可析出大部分有毒物质。

1.1.5.2　塑料餐具

安全的塑料餐具有聚乙烯、聚苯乙烯、聚丙烯塑料制品等,市场上销售的塑料餐具大多为聚乙烯和聚丙烯制品,可耐 100℃ 以上的高温,使用起来比较安全,挑选时注意看是否标注 PE(聚乙烯)和 PP(聚丙烯)字样。

色彩鲜艳的塑料餐具可能会存在铅、镉等金属元素含量超标的问题,长期使用会对人体造成伤害。在选购和使用塑料食具时一定要注意确认该塑料属于哪种类型,对再生塑料或添加深色色素的塑料及非食品用塑料,绝对不能用于盛放或包装食品。尽量在正规商场选择那些没有装饰图案、表面光滑、结实的塑料餐具。一般的塑料制品表面有一层保护膜,这层膜一旦被硬器划破,有害物质就会被释放。劣质塑料餐具表层不光滑,有害物质很容易漏出。

每种塑料制品的底端都有一个带箭头的三角形,是"再生"标志。三角形里面有从 1 至 7 的阿拉伯数字,阿拉伯数字的不同,代表着这种塑料材质的不同性能和不同用途,是塑料制品的身份证明。塑料餐具安全数字划分如下:

数字"1"代表该塑料的材质为 PET,即聚对苯二甲酸乙二醇酯,常用于制作矿泉水瓶、碳酸饮料瓶等,耐热至 70℃,易变形,会有对人体有害的物质溶出;使用 10 个月后,可能释放出致癌物 DEHP;不能放在汽车内暴晒,不能装酒、油等物质。这种标识的瓶子使用后不能再用来装液体。

数字"2"代表该塑料的材质为 HDPE(高密度聚乙烯),常见的为清洁用品、淋浴产品的包装瓶。不能用来包装食品。

数字"3"代表该塑料的材质为 PVC(聚氯乙烯)。这种材质在高温时容易产生有害物质,甚至连制造的过程中它都会释放出有毒有害物质,有毒物会随食物进入人体,可能引起乳腺癌、新生儿先天缺陷等疾病。此种材料的容器已经很少用于包装食品。如果使用 PVC 塑料制品包装食品,千万不能让它受热。

数字"4"代表该塑料的材质为 LDPE(低密度聚乙烯)。一般用来制作保鲜膜、塑料膜等。LDPE 材料的耐热性不强,合格的 PE 保鲜膜在温度超过 110℃ 时会出现热熔现象,会留下一些人体无法分解的塑料制剂。用保鲜膜包裹着食物加热时,食物中的油脂很容易将保鲜膜中的有害物质溶解出来。因此,食物放入微波炉前,先要将包裹着食物的保鲜膜取下。

数字"5"代表该塑料的材质为 PP。PP 材料耐高温,多用来制作微波炉餐盒,可在小心清洁后重复使用。需要特别注意是,某些微波炉餐盒,盒体以 5 号 PP 材料制造,但盒盖却是用 1 号 PE 制造的,由于 PE 不能耐受高温,所以不能与盒体一起放进微波炉。为安全起见,微波炉餐盒在放入微波炉前,先把盖子取下。

数字"6"代表该塑料的材质为 PS(聚苯乙烯)。多用于制造碗装泡面盒、快餐盒等。PS 材料既耐热又耐寒,但不能放进微波炉中,防止温度过高释放化学物质,避免用快餐盒打包滚烫的食物。不能用于盛装强酸、强碱性物质,PS 材料遇强酸、强碱时会分解出致癌物聚苯乙烯。

数字"7"代表该塑料的材质除 PVC 和 PS 以外的材料或多种塑料材质的合成材料。此种材料多用来制造水壶、水杯、奶瓶等,耐高温,可反复使用,也不能放入微波炉中加热。

安全注意事项:

在日常生活中,购买外带直接入口的食物时,最好自带餐具或标准塑料食品袋。在冰箱里冷藏、冷冻的食品时应使用保鲜膜或保鲜袋包裹,不要用普通的塑料袋。日常饮食时最好用瓷杯、瓷碗或玻璃杯、玻璃碗等。

1.1.5.3 不锈钢餐具

不锈钢餐具比其他金属耐腐蚀、耐用,但不锈钢是由铁铬合金再掺入一些微量元素制成的,如果使用不当,产品中的有害金属元素也会在人体中慢慢聚积,危害人体健康。

安全使用注意事项:

(1)不可长时间地盛放强酸或强碱性食品;

(2)不能用不锈钢器皿煎熬中药;

(3)清洗不锈钢器皿切勿用强碱性或强氧化性的化学药剂如苏打、漂白粉、次氯酸钠等进行洗涤。

1.1.5.4 仿瓷餐具(密胺餐具)

仿瓷餐具主要成分为密胺树脂,是由三聚氰胺和甲醛聚合而成。合格的密胺餐具成品,本身是安全的,可以放心使用。但是,劣质的仿瓷餐具,由于技术和生产工艺不过关,就可能会残留三聚氰胺或释放甲醛。

安全使用注意事项:

(1)餐具上标有"MF",同时有"QS"标志,可以作为餐具使用。

(2)如果标有"UF",则只能用于非食品类物品的盛放或需剥皮食用食品的盛放,不能盛放直接入口的食品。

(3)不要使用颜色鲜艳的仿瓷餐具,特别是里侧印花的,应尽量挑选浅颜色的仿瓷餐具。

(4)密胺餐具虽然不易破碎,但是形状复杂的产品,也要注意轻拿轻放。

(5)一般不能高温蒸煮或微波炉烹调,严禁直接置于火上烘烤,禁用微波加热,不能在烤箱中使用。在使用仿瓷餐具时不应超过安全温度限值,尤其是干热温度不应超过130℃,也绝对不能进行微波加热,否则有可能因过热而释放出甲醛。

(6)不要用密胺餐具长时间盛放酸性、油性、碱性食物或饮料。当密胺餐具出现掉色的情况,说明产品所用原料可能是回收废料或工业用料,对人体健康有严重安全隐患,建议不要使用。可以把刚买回的密胺餐具放在沸水里加醋煮2～3分钟,或常温下用醋浸泡2小时左右,可以析出部分甲醛、三聚氰胺、重金属等有害物质。

(7)慎用84消毒液等强化学腐蚀性的洗涤用品,高浓度强化学腐蚀性的洗涤用品会侵蚀餐具表面,影响餐具的使用寿命。

(8)不能用钢丝球等硬物擦洗,防止表面擦伤后污渍沉积,宜用餐具清洁剂配合软纱布擦洗。

(9)密胺餐具正常使用温度−30～120℃,在使用和消毒过程中力求受热均匀,蒸汽消毒时间不宜超过5分钟,使用电子消毒柜时,餐具不要靠近加热管,适合在紫外线和臭氧消毒柜中消毒。在日常使用过程中注意避免过分严重的撞击餐具,严重的撞击会使餐具边缘出现缺口或餐具主体出现不易发现的细小裂纹,在再次使用中如遇高温易发生爆裂。

1.1.5.5　铁铝餐具

铝制餐具质地不太坚硬,使用中器具的划碰,往往会有铝屑脱落,遇酸或碱性物质可形成铝离子进入人体。铝在人体内积累过多,可引起智力下降,记忆力衰退,老年性痴呆等;铝在神经细胞中大量滞留可引起神经症状。使用铝制餐具不要与酸碱接触。使用铁制餐具时谨防与餐具搭配使用产生副作用。如用铁锅配铝铲、铝勺,会对人体带来危害,主要是由于铝和铁是两种化学活性不同的金属,当它们以食物作为电解液时,铝和铁能形成一个化学电池。电池作用的结果,使铝离子进入食物,并随食物进入人体,使人体含铝量增加。铁锅配铁铲、铁勺使用比较安全。

1.1.5.6　木制餐具

生活中使用的木制餐具以竹木餐具较为常见,竹木餐具的最大优点是取材方便,而且没有有毒化学物质;缺点是比其他餐具更容易污染、发霉,如果不注意消毒,很容易引起肠道传染性疾病。

1.1.5.7　玻璃餐具

玻璃餐具一般不含有毒物质,而且比较清洁卫生。玻璃餐具的缺点是易碎而且长期受水的侵蚀时也会生成有害人体健康的物质,要经常用碱性洗涤剂清洗玻璃餐具。

1.2　饮食安全事故案例

1.2.1　双氧水处理食物

2014 年 2 月的一天,故城县一儿童在食用小摊上购买的泡椒凤爪(鸡爪)后,突发急性肠胃炎,当晚便出现了呕吐、高烧等症状。民警得知此事后,购买了同样的鸡爪,通过检测发现其含有双氧水成分并且其中的微生物指标严重超标。随后,民警将制作"毒鸡爪"的摊主抓获。据食药大队一位负责人介绍,在拿到技术检验报告当日,在其住处成功将制作"毒鸡爪"的何某夫妇抓获归案,并在黑加工点查获使用过氧化氢浸泡的鸡爪 75 kg,过氧化氢工业原料 12 kg,经过连夜审问,何某夫妇对违法在食品加工过程中使用过氧化氢的违法行为供认不讳,被依法刑事拘留。何某涉嫌触犯生产、销售有毒、有害食品罪。这个罪名的法律解释是,违反食品管理法规,在生产、销售的食品中掺入有毒、有害的非食品原料,或者销售明知掺有有毒、有害的非食品原料的食品的行为。

过氧化氢溶液俗称双氧水,为无色无味液体,添加到食品中可分解放出氧,起漂白、防腐和除臭等作用。因此,部分商家为一些需要增白的食品违禁浸泡双氧水,以提高产品的外观。少数食品加工单位将发霉水产干品经浸泡双氧水处理漂白重新出售或为消除病死鸡、鸭或猪肉表面的发黑、淤血和霉斑,将这些原料浸泡高浓度双氧水漂白,再添加人工色素或亚硝酸盐发色出售。过氧化氢可通过与食品中的淀粉形成环氧化物而导致癌症,特别是消化道癌症。另外,工业双氧水含有砷、重金属等多种有毒有害物质,更是严重危害食用者的健康。

1.2.2　不安全的密胺碗

2013 年,吴女士 1 岁多的女儿被确诊为淋巴性细胞白血病。吴女士怀疑孩子染病,其中一个原因可能和吃饭所用的密胺碗有关。密胺碗是一种广泛应用于集体食堂、快餐店等就餐场所的餐具。近年来,儿童使用的密胺碗已随处可见。

密胺碗是用一种密胺树脂材料制成的,使用不当容易释放甲醛。有记者进行了实验,分别买来一个陶瓷碗和中档、低档的两个密胺碗进行对比,用甲醛检测仪简单测试它们在盛热水和热油情况下甲醛数据的变化。在试验中,即便在热水、热油等极端条件下,陶瓷碗和价格在 10 元左右的密胺碗得到的数据差别不大,而另一个价格 3 元左右的密胺碗,在热水倒入时就已经产生轻微甲醛,倒入热油后甲醛值超过标准近 8 倍。密胺餐具所用材料分为 A3 料和 A5 料两种。A3 料密胺碗盛放沸水和热油后会比较容易释放出的浓度超标的甲醛,A5 料密胺碗在盛放热水时虽然释放甲醛浓度不超标,但在盛放热油后也会释放出浓度超标的甲醛。

1.3　饮食安全测定实验

1.3.1　食品中有害物质测定实验

1.3.1.1　实验目的

(1)了解常见食品中可能含有的有害物质。

(2)学会使用多功能食品安全检测仪。

(3)学会对食品中的有害物质进行测定。

1.3.1.2　实验仪器及材料

(1)便携式多功能食品安全检测仪　　　　1台

(2)待检测食品(自选)　　　　　　　　若干

(3)烧杯　　　　　　　　　　　　　　若干

(4)滤纸　　　　　　　　　　　　　　若干

1.3.1.3　实验仪器及内容

使用多功能食品安全检测仪可以快速直观地测定食品中的有毒有害成分及食品添加剂,适用于食品加工、生产、流通等众多领域。以便携式多功能食品安全检测仪(FDC-PC03)为例简要介绍设备情况。

(1)仪器特点

①采用先进的冷光源、数字控制及数据处理技术,保证了光源的稳定性及数据的准确性;

②样品室为方形比色池,避免因圆形比色管管壁不均造成的误差,测量精确度更高,比色池同时适用多种规格比色皿,满足多种参数检测需求;

③仪器内存工作曲线可直接调用并自动计算浓度结果,同时具备180条扩展曲线空间,方便建立扩展量程和扩展检测项目;

④具备自动多点线性拟合功能,扩展项目可直接调用曲线拟合程序,无需手动计算曲线。

(2)技术指标

①光学稳定性:≤0.005 A/h

②样品室:多功能比色池

③测量误差:≤±5%或±10%

④重复性误差:≤±3%

(3)可测项目(见表1-3)

表 1-3　可测项目表

编号	检测食品范围	参数指标
1	蔬菜、水果、农产品	农药残留、硝酸盐、二氧化硫
2	肉类、肉制品	亚硝酸盐、病害肉指标(过氧化物酶)、变质肉指标(酸度)、水分、三甲胺氮、挥发性盐基氮、细菌毒素
3	水产品、水发产品	甲醛、双氧水、吊白块、硼砂、组胺、掺假木耳
4	乳品、乳制品、蜂蜜	蛋白质、牛奶酸度、果糖葡萄糖、蔗糖、蜂蜜酸度、羟甲基糠醛、淀粉酶活性、水分
5	酒类、饮料	甲醇、乙醇
6	食用油、粮谷类	酸价、过氧化值、丙二醛、陈化粮指标(脂肪酸值)、过氧化苯甲酰、芝麻油纯度、大米新鲜度、没食子酸丙酯
7	调味品	氨基酸态氮、含碘量、食醋总酸、酱油总酸(乳酸)、味素、盐度
8	常见添加剂	柠檬黄、日落黄、胭脂红、罗丹明 B、苋菜红、诱惑红、亮蓝、山梨酸钾、糖精钠、甜蜜素、苯甲酸钠
9	重金属指标	重金属铅、无机砷、铬、汞、镍、镉
10	其他	茶叶有机磷、食品中心温度、过氧乙酸

使用多功能食品安全检测仪定量检测待测食品中的有害物质含量,按表 1-4 模式记录实验数据。

1.3.1.4　实验安全要点

(1)实验中使用玻璃仪器时注意安全,防止打碎、摔坏。

(2)实验中的待检验食品禁止食用,防止不合格食品对身体造成伤害。

(3)实验前了解相关设备的使用,实验过程中注意用电安全。

1.3.1.5　实验报告

(1)将食品中有害物质测定以表格的形式列出,样表如表 1-4 所示。

表 1-4　食品中有害物质测定记录表样表

测定时间		测定地点		测定性质	
测量人员				所用设备	
	食品名称	食品来源	有害成分 1 含量	有害成分 2 含量	有害成分 3 含量	……
样品 1						
样品 2						
样品 3						
……						
有害成分含量均值						

(2)根据食品中有害物质测定记录表记录的数据,查阅相关标准,判断出所测食品中的有害物质含量是否超标。

1.3.1.6　学生自评与教师评价

(1)学生自评

实验时间：_____　　　　　　　姓名：_____

实验地点：_____　　　　　　　学号：_____

学生自评：

学生签字：

日期：

(2)教师评价

分项	实验预习	实验操作	实验报告	实验自评	实验总评
成绩					
教师签字					

注：总评成绩＝实验预习成绩×30％＋实验操作成绩×30％＋实验报告成绩×30％＋实验自评成绩×10％，成绩为百分制。

教师评语：

教师签字：

日期：

1.3.2　密胺餐具甲醛含量测定

1.3.2.1　实验目的

(1)了解密胺餐具使用不当带来的危害。

(2)学会测定密胺餐具中甲醛含量的方法。

> 密胺餐具会释放甲醛吗?

1.3.2.2　实验仪器及材料

(1)甲醛检测仪	2 台
(2)密封玻璃罐	10 个
(3)食用油	5L
(4)红外线温度仪	2 部
(5)电加热炉	10 部

1.3.2.3　实验原理及步骤

密胺餐具,也叫仿瓷餐具,是一种密胺树脂材料,使用不当容易导致释放甲醛。劣质的仿瓷餐具,由于技术和生产工艺不过关,可能会残留三聚氰胺或释放甲醛。

按国家有关规定,居室内空气中甲醛浓度应小于等于 0.1 mg/m^3。甲醛会对皮肤黏膜起刺激作用,大于 0.08 mg/m^3 的甲醛浓度可引起眼红、眼痒、咽喉不适或疼痛、声音嘶哑、喷嚏、胸闷、气喘、皮炎等,可诱发支气管哮喘、鼻咽肿瘤等众多疾病。

实验步骤:

(1)对空玻璃罐进行"空白对照"实验,作为实验基础值;

(2)将沸水(100℃)或热油(200℃)倒入碗中,将碗和开机的便携式甲醛检测仪放到玻璃罐中密封;

(3)通过罐内甲醛检测仪实时检测罐内空气中甲醛含量。

1.3.2.4　实验安全要点

(1)在倾倒热水和热油时,注意防止烫伤。

(2)实验中使用玻璃仪器时注意安全,防止打碎、摔坏。

(3)实验前了解相关设备的使用,实验过程中注意用电安全。

1.3.2.5　实验报告

(1)将密胺餐具释放甲醛情况的测量结果以表格形式(表1-5)表达。

表 1-5　密胺餐具释放甲醛情况测量结果记录表

样品 甲醛含量 条件	样品 1	样品 2	样品 3	……
空玻璃罐				
水(100℃)				
油(200℃)				

　　(2)分析所测密胺餐具释放甲醛情况,看餐具是否符合国家标准,并把结果以表格形式(表 1-6)列出。

表 1-6　密胺餐具释放甲醛情况分析表

	未使用时	盛水(100℃)	盛油(200℃)
样品 1			
样品 2			
样品 3			
……			

1.3.2.6　学生自评与教师评价

（1）学生自评

实验时间：＿＿＿＿＿＿＿＿　　　　　　　　姓名：＿＿＿＿＿＿＿

实验地点：＿＿＿＿＿＿＿＿　　　　　　　　学号：＿＿＿＿＿＿＿

学生自评：

　　　　　　　　　　　　　　　　　　　　　　　　　学生签字：

　　　　　　　　　　　　　　　　　　　　　　　　　日　期：

（2）教师评价

分项	实验预习	实验操作	实验报告	实验自评	实验总评
成绩					
教师签字					

注：总评成绩＝实验预习成绩×30％＋实验操作成绩×30％＋实验报告成绩×30％＋实验自评成绩×10％，成绩为百分制。

教师评语：

　　　　　　　　　　　　　　　　　　　　　　　　　教师签字：

　　　　　　　　　　　　　　　　　　　　　　　　　日　期：

思考题

1. 什么是食品安全？什么是安全食品？
2. 日常生活中接触到的安全食品有哪些？
3. 食品安全问题有哪些危害？
4. 伪劣食品防范措施有哪些？
5. 生活中的常见餐具有哪些？怎样安全使用？

生活小贴士：伪劣食品防范小技巧

1. 食品的颜色过分艳丽，要提防可能添加色素。
2. 食品如果呈现不正常的白色，提防可能会有漂白剂、增白剂等化学品危害。
3. 尽量少吃或不吃保质期过长的食品。
4. 提防反自然生长的农作物制成的食品。
5. 提防小作坊加工的食品及"三无"产品。
6. 提防价格明显低于市场普通价格水平的食品。
7. 提防散装无质量保障的食品。

本章参考文献

[1] 丁晓雯,柳春红.食品安全学[M].北京:中国农业大学出版社,2015:308-311.

[2] 中华人民共和国卫生部.食品安全国家标准　食品添加剂使用标准:GB 2760—2014.2014:2.

第 2 章　空气污染认知与实验

2.1　空气污染基础知识

如今全球的经济都在快速发展,人民的物质生活水平得到了显著提高,但是人类的环境质量却在显著下降,特别是大气的质量。由于工业发展的速度过快且没有重视环境污染问题,使得空气污染日益严重。空气中污染物的浓度达到有害程度,会破坏生态系统和人类正常生存和发展的条件,并会对人和生物造成危害。在本章的开头我们提出几个问题:

(1)哪些物质会污染空气?

(2)空气中的污染物是怎么产生的?

(3)怎么去衡量空气污染状况?

(4)雾霾是怎么一回事?

(5)空气污染的危害有哪些?

(6)应该怎么防治空气污染?

(7)怎么预防和治理室内空气污染?

带着这些问题,我们来开启本章的内容,本章将系统地阐述空气污染基础理论,旨在让没有工科知识背景的读者也能较好地理解和应用空气污染相关知识。

2.1.1　大气污染

2.1.1.1　大气污染的概念

按照国家标准化组织(ISO)的定义,大气污染通常是指由于人类活动和自然过程引起某种物质进入大气中,呈现出足够的浓度,达到了足够的时间并因此危害了人体的舒适、健康和福利或危害了环境的现象[1]。

2.1.1.2　大气污染源的分类

大气污染源是指向大气环境排放有害物质或对大气环境产生有害影响的场所、设备和装置。

(1)按污染源的存在形式,可分为固定污染源(如工厂的排烟)和移动污染源(如汽车排放尾气)。

(2)按污染排放的时间可分为连续源(如化工厂的排气筒)、间断源(如取暖的烟囱)和瞬间源(如某些工厂因事故排放出污染物)。

(3)按污染排放的形式可分为高架源(距地面一定高度上排放污染物)、面源(在一个大范围内排放污染物)和线源(沿一条线排放污染物)。

(4)按污染物产生的类型可分为工业污染源、家庭炉灶排气、汽车排气。

2.1.1.3　大气主要污染物

大气的主要污染物包括烟尘、粉尘、SO_2、CO、光化学烟雾、含氟氯废气、核试验的放射性降落物等。空气污染的危害主要取决于污染物在空气中的浓度,而不是它的数量。下面主要介绍 SO_2、NO_x、O_3 和不同粒径颗粒物。

(1)SO_2

SO_2 是主要空气污染物之一,为例行监测的必测项目。它来源于煤和石油等燃料的燃烧、含硫矿石的冶炼、硫酸等化工产品生产排放的废气。SO_2 是一种无色、易溶于水、有刺激性气味的气体,能通过呼吸进入气管,对局部组织产生刺激和腐蚀作用,是诱发支气管炎等疾病的原因之一,特别是当它与烟尘等气溶胶共存时,可加重呼吸道黏膜的损害。

(2)NO_x

NO_x 空气中的氮氧化物以一氧化氮、二氧化氮、三氧化二氮、四氧化二氮、五氧化二氮等多种形式存在,其中二氧化氮和一氧化氮是主要存在形态,为通常所指的氮氧化物(NO_x),它们主要来源于石化燃料高温燃烧和硝酸、化肥等生产中排放的废气,以及汽车尾气。一氧化氮为无色、无臭、微溶于水的气体,在空气中易被氧化成二氧化氮。二氧化氮为棕红色、具有强刺激性臭味的气体,毒性比一氧化氮高四倍,是引发支气管炎、肺损害等疾病的有害物质。

(3)O_3

O_3(臭氧)在常温常压下,稳定性较差,可自行分解为氧气。臭氧具有青草的味道,吸入少量对人体有益,吸入过量对人体健康有一定危害,允许人们接触的臭氧安全浓度不大于 $0.2\ \text{mg/m}^3$。

(4)不同粒径颗粒物

①细颗粒物

细颗粒物又称 $PM_{2.5}$,指环境空气中空气动力学当量直径小于等于 $2.5\ \mu\text{m}$ 的颗粒物。它能较长时间悬浮于空气中,其在空气中含量浓度越高,就代表空气污染越严重。虽然 $PM_{2.5}$ 只是地球大气成分中含量很少的组分,但它对空气质量和能见度等有重要的影响。与较粗的大气颗粒物相比,$PM_{2.5}$ 粒径小,面积大,活性强,易附带有毒、有害物质(如重金属、微生物等),且在大气中的停留时间长、输送距离远,因而对人体健康和大气环境质量的影响更大。

②可吸入颗粒物

可吸入颗粒物又称 PM_{10}，指空气动力学当量直径小于等于 $10\ \mu m$ 的颗粒物，悬浮在空气中。可吸入颗粒物被人吸入后，会累积在呼吸系统中，引发许多疾病。PM_{10} 内含有各种直接致突变物和间接致突变物，可以损害遗传物质和干扰细胞正常分裂，同时破坏机体的免疫功能，而引起癌症和畸形。

③总悬浮颗粒物

总悬浮颗粒物简称 TSP，能悬浮在空气中，指空气动力学当量直径小于等于 $100\ \mu m$ 的颗粒物，《环境空气质量标准》规定，居住区日平均浓度低于 $0.3\ mg/m^3$，年平均浓度低于 $0.2\ mg/m^3$。

TSP 的来源有人为源和自然源之分。人为源主要是燃煤、燃油、工业生产过程等人为活动排放出来的；自然源主要有土壤、扬尘、沙尘经风力的作用输送到空气中形成的。大气中 TSP 的组成十分复杂，而且变化很大。燃煤排放烟尘、工业废气中的粉尘及地面扬尘是大气中总悬浮微粒的重要来源。TSP 是大气环境中的主要污染物，中国环境空气质量标准按不同功能区分 3 级，规定了 TSP 年平均浓度限值和日平均浓度限值。

④降尘

降尘又称"落尘"，指空气动力学当量直径大于 $100\ \mu m$ 的固体颗粒物，是较粗的粒子，靠自身的重量即可较快沉降到地面的颗粒物。降尘反映颗粒物的自然沉降量，用每月沉降于单位面积上颗粒物的重量表示。降尘在空气中沉降较快，不易被吸入呼吸道。自然沉降能力主要取决于自重和粒径大小，是反映大气尘粒污染的主要指标之一。

2.1.1.4　大气污染的防治

防治大气污染是一个庞大的系统工程，需要个人、集体、国家乃至全球各国的共同努力，常见措施如下。

(1)减少污染物排放量。

多采用无污染能源（如太阳能、风能、水力发电）、改革能源结构，用低污染能源（如天然气）、对燃料进行预处理（如烧煤前，先进行脱硫）、改进燃烧技术等均可减少排污量。另外，在污染物未进入大气之前，使用除尘消烟技术、冷凝技术、液体吸收技术、回收处理技术等消除废气中的部分污染物，可减少进入大气的污染物数量。

(2)控制排放并充分利用大气自净能力。

气象条件不同，大气对污染物的容量便不同，排入同样数量的污染物，造成的污染物浓度便不同。对于风力大、通风好、湍流盛、对流强的地区和时段，大气扩散稀释能力强，可接受较多厂矿企业的生产；对于出现逆温的地区和时段，大气扩散稀释能力弱,便不能接受较多的污染物,否则会造成严重大气污染。因此应对不同地区、不同时段进行排放量的有效控制。

(3)厂址选择、烟囱设计、城区与工业区规划等要合理。

不要排放大户过度集中,造成重复叠加污染,防止局地严重污染事件发生。

2.1.2　室内空气污染

随着人们生活水平提高,室内装饰日趋精致,大量新型建筑装饰材料和化学品等被运用到住宅和公共建筑物,室内空气污染物的来源和种类日益增多,室内空气质量日趋恶化。污染的室内空气会使人注意力分散,工作效率下降,严重时还会使人产生头痛、恶心、疲劳等症状。人们期望改善日益恶劣的室内环境,提高生活质量。

室内引入能释放有害物质的污染源加上室内环境通风不畅,会导致室内空气中有害物质不断增加。人们生活、工作在室内环境的时间长,但室内通风状况一般不利于污染物稀释、扩散和自净,室内环境质量显得尤为重要。

2.1.2.1　室内空气污染源

根据相关部门的技术检测分析,室内空气污染物主要来源于以下 5 个方面[2]。

(1)室内装饰材料及家具

室内装饰材料及家具的污染是目前造成室内空气污染的主要方面,胶合板、油漆、刨花板、泡沫填料、内墙涂料、塑料贴面等材料均含有甲醛、甲苯、苯、氯仿等有毒有害气体,而且这些物质都有致癌性。

(2)建筑物自身

建筑物自身污染正在被逐步地检出,一种是建筑施工中加入了化学物质,如北方冬季施工加入的防冻剂,会渗出有毒气体氨;另一种是由建筑物中地砖、瓷砖中的放射性元素氡,氡是一种无色无味的对人体危害极大的天然放射性气体。

(3)室外污染物

室外大气的严重污染和生态环境的破坏加剧了室内空气的污染,使人们的生存条件变得十分恶劣。

(4)燃烧产物

室内燃烧产物主要来源于烹饪和吸烟,厨房中的油烟和香烟中的烟雾成分极其复杂,目前已检出 3800 多种物质,其中许多物质具有致癌性。

(5)人的活动

人体新陈代谢和各种生活废弃物的挥发成分也是造成室内空气污染的一个原因。除人体本身通过呼吸道、皮肤、汗腺可排出大量污染物外,其他日常生活,如化妆、灭虫等也会造成空气污染,尤其是房间内人数过多时,会使人疲倦、头昏,甚至休克。另外,人在室内活动,会升高室内空气温度,促进细菌、病毒等微生物的大量繁殖。

2.1.2.2　室内空气主要污染物

室内空气污染是由于人类活动或自然过程引起某些物质进入室内空气环境,呈现足够浓度,持续足够时间,并因此危害人体健康或室内环境。《室内空气质量标准》和《民用建筑工程室内环境污染控制规范》规定的控制项目包括化学性污染(甲醛、苯、氨、氡、可吸入颗粒物、二氧化碳、二氧化硫等 13 项)、物理性污染、生物性污染和放射性污染。其中影响最大是甲醛、苯、氨、总挥发性有机化合物、放射性氡这五类物质。

(1)甲醛

甲醛的化学分子式 HCHO,是近年来国内消费者和媒体最为关注的室内空气污染物。甲醛有防腐(防虫)的作用,被广泛应用于各种建筑装饰材料之中。甲醛的熔沸点很低,很容易从装修材料中挥发出来。甲醛危害很大,居室空气中甲醛最高容许浓度为 0.08 mg/m³,当室内空气中的甲醛含量超过 0.06 mg/m³ 时就会有异味和不适感,造成刺眼流泪、咽喉不适或疼痛、恶心呕吐、咳嗽胸闷、气喘甚至肺水肿等症状;甲醛浓度达到 30 mg/m³ 时,会立即致人死亡。长期接触低剂量甲醛可引起慢性呼吸道疾病、鼻咽癌、结肠癌、脑瘤、月经紊乱、细胞核基因突变、新生儿染色体异常、白血病、青少年智力下降等。

(2)苯(苯系物)

苯系物也是为人们十分关注的室内空气污染物,苯(C_6H_6)、甲苯(C_7H_8)、二甲苯(C_8H_{10})均为无色透明油状液体,具有强烈芳香气味,易挥发为蒸气,易燃、有毒。苯已被国际癌症研究中心确认为高毒致癌物质,对皮肤和黏膜有局部刺激作用,吸入或经皮肤吸收可引起中毒,严重的可诱发再生障碍性贫血或白血病。甲苯对皮肤和黏膜刺激性大,对神经系统作用比苯更强,长期接触有诱发膀胱癌的可能。二甲苯存在三种异构体,熔沸点较高,毒性比苯和甲苯小。皮肤接触二甲苯会产生干燥、皲裂和红肿等症状,还会损害神经系统,也会使肾和肝受到暂时性损伤。

(3)氨

氨的化学式为 NH_3,是一种无色、有强烈刺激性气味的气体,比空气轻。氨是一种碱性物质,溶解度极高,对动物或人体的上呼吸道有刺激和腐蚀作用,减弱人体对疾病的抵抗力。长期接触氨可能会出现皮肤色素沉积或手指溃疡等症状,短期内吸入大量氨气后可出现流泪、咽痛、胸闷、咳嗽、呼吸困难等症状,并伴有头晕、头痛、乏力、恶心、呕吐症状,严重者可发生肺水肿,呼吸窘迫综合征等病症。

(4)总挥发性有机化合物(TVOC)

总挥发性有机化合物(TVOC)是空气中三种有机污染物(多环芳烃、挥发性有机物和醛类化合物)中影响较为严重的一种。TVOC 可以分为八类:烷类、芳烃类、烯类、卤烃类、酯类、醛类、酮类及其他。TVOC 有嗅味和刺激性,而且有些化合物具有基因毒性。TVOC 能引起机体免疫水平失调,影响中枢神经系统功能,出现头晕、头痛、嗜睡、无力、胸闷等自觉症状;还可能影响消化系统,出现食欲不振、恶心等症状,严重时会损伤肝脏和造血系统,出现变态反应。

(5)氡

氡气是一种无色无味的天然放射性气体,氡气通常从污染的大气中以及混凝土、石块、油漆、砖瓦等材料中进入居室。氡被吸入人体后会衰变产生呈微粒状氡子体,会堆积沉淀在肺部,达到一定程度后会损坏肺泡,进而导致肺癌。

2.1.2.3　室内空气污染的简单判定

当出现以下几种症状或现象时,可以简单地判定室内存在空气污染:

(1)会感觉新装修的房间内有刺鼻、刺眼等刺激性气味,且长时间不散;

(2)每天清晨起床时感到恶心憋闷、头晕目眩;

(3)家人经常感冒;

(4)家人长期精神、食欲不振;

(5)不吸烟却经常感到嗓子不适,呼吸不畅;

(6)家里孩子经常咳嗽、免疫力下降;

(7)家人有群发性的皮肤过敏现象;

(8)家人共有一种症状,且离家后症状明显好转;

(9)新婚夫妇长期不孕,又查不出原因;

(10)孕妇正常情况下怀孕却发现婴儿畸形;

(11)新搬家或新装修的房子中植物不易成活,家养宠物莫名其妙死亡。

当发现有以上(但不局限于)这些情况,一定要及时处理,防止长时间生活在污染空气中对身体健康造成危害。

2.1.2.4　室内空气污染源的控制

(1)使用先进空气净化技术

对于室内颗粒状污染物,净化方法主要有静电除尘、筛分除尘、扩散除尘等。净化装置主要有过滤式除尘器、荷电式除尘器、机械式除尘器、湿式除尘器等。从经济的角度考虑首选过滤式除尘器;从高效洁净的角度考虑首选荷电式除尘器。

对于室内细菌、病毒净化方法是低温等离子体净化,配套装置是低温等离子体净化装置。

对于室内异味、臭气的清除,最好采用玻璃纤维丝编织成的多功能高效微粒滤芯。

对室内空气中的苯系物、卤代烷烃、醛、酸、酮等的降解,采用光催化降解法非常有效。

(2)合理布局和分配室外污染源

为减少室外大气污染对室内空气质量的影响,应该对各污染源进行合理布局和分配。居民生活区等人口密集的地方应安置在远离污染源的地区,同时应将污染源安置在远离居民区的下风口方向。

(3)增加室内通风换气的次数

对于室内放射性氡和甲醛等物质,应加强通风换气。

室内放射性氡的浓度,在通风时其浓度会下降;但一旦不通风,浓度就会回升。不会因通风次数频繁就会从根本上降低氡子体的浓度,唯一的方法是去除放射源。在目前的家庭装修中,部分家具、壁纸和一些装修材料均含有不同程度的氡气,控制氡气污染应从以下三个方面着手:

①修建房屋时,要远离有放射性矿藏的地区。在盖房子以前要了解当地放射线情况,避开放射性元素含量较高的地区。土壤中的放射性氡气可以通过地面、裂缝或沿着管道渗入室内。氡是有毒、无色、无臭的放射性气体,看不见,摸不着,因此不易引起人们的警惕,地下室内氡气的浓度较高,逐渐向地上房屋扩散。所以在放射较高的地区,不能修建居民的住房。补救措施是采用地皮密封措施,阻断土壤中氡气漏出。可采取修补室内的墙壁上的裂缝,贴墙壁纸等措施,以减少氡对人体健康的危害。

②慎选建材。首先,对从地下采掘的如花岗石类的材料要检测其放射性物质的强度,并尽量让其在露天多存放一段时间;其次,用煤渣砖建住房时,要考虑其含放射性物质多的弱点;另外,在家居装修中为防止氡气从墙体漏出,应尽量使用防氡环保涂料涂抹墙体。最后,装修完毕,不要急着入住,应尽量多通风,让各种气体尽量散发,最好是没有其他气味后再入住。

③注重通风。居室要经常开窗户通风换气,切忌长时间封闭。尤其是新建的住房和新装修的住房一定要坚持长期开窗,增加室内空气的流动。

2.1.3　空气污染指数(API)与空气质量指数(AQI)

2.1.3.1　空气污染指数(API)

空气污染指数(Air Pollution Index,简称 API)是一种向社会公众公布的反映和评价空气质量状况的指标。API 是将常规监测的主要空气污染物浓度经过处理简化为单一的数值形式,简明、直观地分级表示空气质量和污染程度。

空气污染指数是指将空气中的污染物的质量浓度依据适当的分级质量浓度限值进行等标化,计算得到简单的量纲为一的指数,可以直观、简明、定量地描述和比较污染的程度。

根据我国城市空气污染的特点,以 SO_2、NO_x 和 TSP 作为计算 API 值的暂定项目,并确定 API 值为 50、100、200 时,分别对应我国空气质量标准中日均值的一、二、三级标准的污染浓度限值,500 则对应对人体健康产生明显危害的污染水平。

API 值的计算：

(1)内插法计算各污染物的分指数 I_n；

(2)比较得出污染物分指数中最大者 $API_{max}(I_1,I_2,\cdots,I_i,\cdots,I_n)$；

(3)$API_{max}(I_1,I_2,\cdots,I_i,\cdots I_n)$ 所对应的污染物即为该区域或城市的首要污染物。

某种污染物的污染分指数(I_i)按下式计算：

$$I_i = (I_{i,j+1} - I_{i,j})(C_i - C_{i,j}) \div (C_{i,j+1} - C_{i,j}) + I_{i,j}$$

式中：

C_i，I_i 分别为第 i 种污染物的浓度限值和污染分指数值；

$C_{i,j}$，$I_{i,j}$ 分别为第 i 种污染物在 j 转折点的浓度限值和污染分指数值(查表 2-1)；

$C_{i,j+1}$，$I_{i,j+1}$ 分别为第 i 种污染物在 $j+1$ 转折点的浓度限值和污染分指数值。

空气污染指数分级浓度限值如表 2-2 所示。

空气污染指数范围及相应的空气质量级别如表 2-2 所示。

表 2-1　空气污染指数分级浓度限值

空气污染指数（API）	污染物浓度（mg/m³）							
	SO_2（日均值）	NO_2（日均值）	PM_{10}（日均值）	TSP（日均值）	SO_2（时均值）	NO_2（时均值）	CO（时均值）	O_3（时均值）
50	0.050	0.080	0.050	0.120	0.25	0.12	5	0.120
100	0.150	0.120	0.150	0.300	0.50	0.24	10	0.200
200	0.800	0.280	0.350	0.500	1.60	1.13	60	0.400
300	1.600	0.565	0.420	0.625	2.40	2.26	90	0.800
400	2.100	0.750	0.500	0.875	3.20	3.00	120	1.000
500	2.620	0.940	0.600	1.000	4.00	3.75	150	1.200

表 2-2　空气污染指数范围及相应的空气质量级别

空气污染指数（API）	质量描述	级别	适用范围	对健康的影响	建议采取的措施
0～50	优	Ⅰ	自然保护区、风景名胜及其他特殊保护地区	可正常活动	无
51～100	良	Ⅱ	居住区、商业交通居民混合区、文化区、一般工业区和农村	可正常活动	

续表

空气污染指数(API)	质量描述	级别	适用范围	对健康的影响	建议采取的措施
101～150	轻微污染	Ⅲ	特定工业区	易感人群症状轻度加剧,健康人群出现刺激症状	心脏病和呼吸系统疾病患者应减少体力消耗和户外活动
151～200	轻度污染				
201～250	中度污染	Ⅳ	无	心脏病和肺病患者症状加剧,运动耐受力降低,健康人群中普遍出现症状	老年人、儿童和心脏病、肺病患者应停留在室内,并减少体力活动
251～300	中度重污染				
>300	重污染	Ⅴ		健康人运动耐受力降低,有明显强烈症状,提前出现疾病	老年人和病人应留在室内,避免体力消耗,一般人群应避免户外活动

2.1.3.2　空气质量指数(AQI)

空气质量指数(Air Quality Index,简称 AQI)是定量描述空气质量状况的无量纲指数。针对单项污染物还规定了空气质量分指数。参与空气质量评价的主要污染物为细颗粒物(PM$_{2.5}$)、可吸入颗粒物(PM$_{10}$)、二氧化硫(SO$_2$)、二氧化氮(NO$_2$)、臭氧(O$_3$)、一氧化碳(CO)共计六项。

根据《环境空气质量指数(AQI)技术规定(试行)》(HJ 633—2012)规定:空气污染指数划分为 0～50、51～100、101～150、151～200、201～300 和>300 六档,对应于空气质量的六个级别,指数越大,级别越高,说明污染越严重,对人体健康的影响也越明显。

空气质量指数范围及相应的空气质量级别如表 2-3 所示。

表 2-3　空气质量指数范围及相应的空气质量级别

AQI	级别	表示色	对健康影响情况	建议采取措施
0～50	一级	绿色	空气质量令人满意	各类人群可正常活动
51～100	二级	黄色	某些污染物对极少数异常敏感人群健康有较弱影响	极少数异常敏感人群应减少户外活动
101～150	三级	橙色	易感人群症状轻度加剧,健康人群出现刺激症状	儿童、老年人及心脏病、呼吸系统疾病患者减少长时间、高强度户外锻炼
151～200	四级	红色	进一步加剧易感人群症状,可能对健康人群心脏、呼吸系统有影响	儿童、老年人及心脏病、呼吸系病患者避免长时间、高强度户外锻炼,一般人群减少户外运动

AQI	级别	表示色	对健康影响情况	建议采取措施
201~300	五级	紫色	心脏病和肺病患者症状显著加剧，运动耐受力降低，健康人群普遍出现症状	儿童、老年人和心脏病、肺病患者应停留在室内，停止户外运动，一般人群减少户外运动
>300	六级	褐红色	健康人群运动耐受力降低，有明显强烈症状，提前出现某些疾病	儿童、老年人和病人应当留在室内，避免体力消耗，一般人群应避免户外活动

AQI 值计算与评价过程：

(1)对照各项污染物的分级浓度限值(AQI 的浓度限值参照 GB 3095—2012)，以细颗粒物($PM_{2.5}$)、可吸入颗粒物(PM_{10})、二氧化硫(SO_2)、二氧化氮(NO_2)、臭氧(O_3)、一氧化碳(CO)等各项污染物的实测浓度值(其中 $PM_{2.5}$、PM_{10} 为 24 小时平均浓度)分别计算得出空气质量分指数(Individual Air Quality Index，简称 IAQI)；

$$IAQI_P = (C_P - BP_{Lo})(IAQI_{Hi} - IAQI_{Lo}) \div (BP_{Hi} - BP_{Lo}) + IAQI_{Lo}$$

式中：

$IAQI_P$——污染物项目 P 的空气质量分指数；

C_P——污染物项目 P 的质量浓度值；

BP_{Hi}——《空气质量分指数及对应的污染物项目浓度指数表》(表 2-4)中与 C_P 相近的污染物浓度限值的高位值；

BP_{Lo}——《空气质量分指数及对应的污染物项目浓度指数表》中与 C_P 相近的污染物浓度限值的低位值；

$IAQI_{Hi}$——《空气质量分指数及对应的污染物项目浓度指数表》中与 BP_{Hi} 对应的空气质量分指数；

$IAQI_{Lo}$——《空气质量分指数及对应的污染物项目浓度指数表》中与 BP_{Lo} 对应的空气质量分指数。

(2)从各项污染物的 IAQI 中选择最大值确定为 AQI，当 AQI 大于 50 时将 IAQI 最大的污染物确定为首要污染物；

(3)对照 AQI 分级标准，确定空气质量级别、类别及表示颜色、健康影响与建议采取的措施。

简而言之，AQI 就是各项污染物的空气质量分指数(IAQI)中的最大值，当 AQI >50 时对应的污染物即为首要污染物，IAQI>100 的污染物为超标污染物。

表 2-4　空气质量分指数及对应的污染物项目浓度指数表[3]

空气质量分指数（IAQI）	污染物项目浓度限值									
	SO_2 24 ha	SO_2 1 ha[1]	NO_2 24 ha	NO_2 1 ha	PM_{10} 24 ha	CO 24 ha[5]	CO 1 ha[1][5]	O_3 1 ha	O_3 8 hma[4]	$PM_{2.5}$ 24 ha
0	0	0	0	0	0	0	0	0	0	0
50	50	150	40	100	50	2	5	160	100	35
100	150	500	80	200	150	4	10	200	160	75
150	475	650	180	700	250	14	35	300	215	115
200	800	800	280	1200	350	24	60	400	265	150
300	1600	(2)	565	2340	420	36	90	800	800	250
400	2100	(2)	750	3090	500	48	120	1000	(3)	350
500	2620		940	3840	600	60	150	1200	(3)	500

关于表 2-4 的说明：

（1）二氧化硫（SO_2）、二氧化氮（NO_2）和一氧化碳（CO）的 1 小时平均浓度限值仅用于实时报，在日报中需使用相应污染物的 24 小时平均浓度限值。

（2）二氧化硫（SO_2）1 小时平均浓度值高于 $800\ \mu g/m^3$ 的，不再进行其空气质量分指数计算，二氧化硫（SO_2）空气质量分指数按 24 小时平均浓度计算的分指数报告。

（3）臭氧（O_3）8 小时平均浓度值高于 $800\ \mu g/m^3$ 的，不再进行其空气质量分指数计算，臭氧（O_3）空气质量分指数按 1 小时平均浓度计算的分指数报告。

（4）hma：hour moving average，指小时滑动平均，如 8 hma 表示 8 小时滑动平均；ha：hour average，指小时平均，如 24 ha 表示 24 小时平均。

（5）除 CO 浓度限值单位为 mg/m^3 外，其他污染物项目浓度限值单位均为 $\mu g/m^3$。

2.1.3.3　AQI 和 API 的区别

AQI 与原来发布的空气污染指数（API）有着很大的区别。AQI 分级计算参考的标准是新的《环境空气质量标准》（GB 3095—2012），参与评价的污染物为 SO_2、NO_2、PM_{10}、$PM_{2.5}$、O_3、CO 六项；而 API 分级计算参考的标准是老的《环境空气质量标准》（GB 3095—1996），评价的污染物仅为 SO_2、NO_2 和 PM_{10} 三项，且 AQI 采用的分级限制标准更严。因此 AQI 较 API 监测的污染物指标更多，其评价结果更加客观。

空气污染指数是将常规监测的几种空气污染物浓度简化成为单一的概念性指数值形式，并分级表征空气污染程度和空气质量状况，适合于表示城市的短期空气质量状况和变化趋势。从 2011 年末开始，我国许多城市出现了严重雾霾天气，人们的实际感受与 API 显示出的良好形势反差强烈,呼吁改进空气评价标准,从那时起,PM$_{2.5}$(直径小于等于 2.5 μm 的颗粒物)成为"热词"。雾霾的形成主要与 PM$_{2.5}$ 有关,此外,反映机动车尾气造成的光化学污染的臭氧指标,也没有纳入到 API 的评价体系中。2012 年初,新的空气质量标准《环境空气质量标准》(GB 3095—2012)出台,在 API 的基础上增加了细颗粒物(PM$_{2.5}$)、臭氧(O$_3$)、一氧化碳(CO)三种污染物指标,对应的空气质量评价体系变成了 AQI,发布频次也从原来的每天一次提高到了现在的每小时一次。

2.2　空气污染事故案例

2.2.1　大气污染案例

【案例 1】英国伦敦烟雾事件

1952 年 12 月 5—8 日,英国伦敦城市上空处于高压中心,一连几日无风。大雾笼罩着伦敦城,又值城市冬季大量燃煤,排放的煤烟粉尘在无风状态下蓄积不散,烟和湿气积聚在大气层中,致使城市上空连续四五天烟雾弥漫,能见度极低。在这种情况下,飞机被迫取消航班,汽车即便白天行驶也须打开车灯,行人走路都极为困难。

由于大气中的污染物不断积蓄,不能扩散,许多人都感到呼吸困难,眼睛刺痛,流泪不止。伦敦医院由于呼吸道疾病患者剧增而一时爆满。仅仅 4 天时间,死亡人数就达 4000 多人。两个月后,又有 8000 多人陆续丧生。这就是骇人听闻的伦敦烟雾事件。

酿成伦敦烟雾事件的主要原因,是冬季取暖燃煤和工业排放的烟雾在逆温层天气下的不断积累发酵。在 10 年后伦敦又发生了一次类似的烟雾事件,造成 1200 人的非正常死亡。直到 20 世纪 70 年代后,伦敦市内改用煤气和电力,并把火电站迁出城外,才使城市大气污染程度降低了 80%。

【案例 2】美国洛杉矶光化学烟雾事件

美国西南海岸的洛杉矶从 20 世纪 40 年代初开始,每年从夏季至早秋,只要是晴朗的日子,城市上空就会出现一种弥漫天空的浅蓝色烟雾,使整座城市上空变得浑浊不清。这种烟雾使人眼睛发红,咽喉疼痛,呼吸憋闷,头昏、头痛。1943 年以后,烟雾更加肆虐,以致远离城市 100 km 以外的海拔 2000 m 高山上的大片松林也因此枯死。这就是著名的洛杉矶光化学烟雾污染事件。

光化学烟雾是由于汽车尾气和工业废气排放造成的,一般发生在湿度低、气温在 24~32℃ 的夏季晴天的中午或午后。汽车尾气中的碳氢化合物和二氧化氮被排放到大气中后,在强烈阳光紫外线照射下,发生光化学反应,其产物为含剧毒的光化学烟雾。

洛杉矶在 20 世纪 40 年代就拥有 250 万辆汽车,每天大约消耗 1100 吨汽油,排出 1000 多吨碳氢化合物、300 多吨氮氧化物和 700 多吨一氧化碳。另外,还有炼油厂、供油站等其他石油燃烧排放,这些化合物被排放到洛杉矶上空,在太阳光的照射下缔造了一个毒烟雾"工厂"。

2.2.2　室内空气污染案例

【案例 1】1998 年,陈先生购买了一套住宅,装修入住后,陈先生因空气污染患"喉乳头状瘤病",经检测,室内空气中甲醛浓度超标 25 倍。经法院判决,陈先生获赔 89000 元。

【案例 2】1999 年业主孙某、张某购买了位于北京市朝阳区某处楼房,入住后,两位业主感觉房间内气味难闻,具有强烈刺激性。经检测,室内空气中氨浓度超标。法院于 2004 年 2 月判决被告一次性补偿原告孙某、张某各 5 万元。

【案例 3】2000 年 4 月,北京的秦女士在新居装修半年后入住,全家人相继患病。经检测,室内甲醛超标。经北京市中级人民法院判决,被告赔偿原告一家装修费、精神损失费等共计 119891 元。

【案例 4】2003 年初,广东省佛山市谭某夫妇在搬进装修过的新居 3 个月后胎儿流产。经检测,主卧室甲醛超过国家标准 4 倍多。法院判决被告一次性返回原告装修费用 1.9 万元,精神损害赔偿金 2 万元,医疗费、误工费、检测费、租房费 8791 元。

【案例 5】2002 年 3 月,卢先生在北京花费约 70 万元购置一辆改装进口车,后来,发觉车内气味刺鼻难忍,卢先生和司机都发生头顶小片脱发的症状。经检测,车内空气甲醛含量超出正常值 26 倍多。经北京市朝阳区人民法院判决卢先生获赔 75 万元。

【案例 6】2001 年 10 月,南京市民栗某请装饰公司装修新居,入住三个月后,栗某及其母发现同患再生障碍性贫血。经检测,发现室内环境中甲醛超标 12.6 倍,挥发性有机物超标 3.3 倍。经法院裁定栗某胜诉并获得赔偿。

2.3　空气污染实验

2.3.1　空气质量参数测量实验

2.3.1.1　实验目的

(1)了解空气质量相关的物理量。

(2)学会正确使用空气质量检测仪和臭氧检测仪。

(3)学会有效采集空气质量相关数据。

(4)学会计算空气污染指数(API),描述空气质量状况。

你知道雾霾到底有多严重吗?怎么测量相关参数,评价空气质量?

(5)学会计算空气质量指数(AQI),描述空气质量状况。

(6)通过实验及计算,正确评价空气质量,掌握环境监测的基本方法。

2.3.1.2 实验仪器及材料

(1)空气质量检测仪(3M QUEST EVM-7)   1台

(2)臭氧检测仪   1台

2.3.1.3 实验仪器简介

(1)空气质量检测仪(3M QUEST EVM-7)

3M QUEST EVM-7空气质量检测仪是把粉尘采样、实时粉尘测量和有毒有害气体监测3种不同仪器集合到一起的监测仪器,能够同时测量粉尘、挥发性有机化合物、有毒有害气体(SO_2、NO_2、NO、CO、Cl_2、H_2S、HCN 等)、相对湿度、温度及风速等。可以选择定点采样模式同时测量粉尘及不同毒害气体浓度。具备盘旋转式切割器,简单地扭一下就能选择所需粉尘切割:$PM_{2.5}$、PM_4、PM_{10} 或总粉尘,无须额外旋风分离器配件。具备光散射探测器,能实时测量粉尘量。内置采样泵收集粉尘,用于重量分析[4]。

3M QUEST EVM-7空气质量检测仪参数如表2-5所示。

表 2-5 空气质量检测仪参数表

测量参数	单位	分辨率	量程
粉尘	mg/m^3	0.001	$0.001\sim199.9$
粉尘尺寸范围	μm	—	$0.1\sim10$
VOC	$ppm/mg/m^3$	0.01	$0.00\sim2000$
CO_2	ppm	1	$0\sim20000$
温度	℃	0.1	$-10.0\sim60.0$
相对湿度	%RH	0.1	$0\sim100$
空气流速	m/s	0.1	$0.0\sim20$

有毒有害气体测量范围如表2-6所示。

表 2-6 有毒有害气体测量范围

测量参数	单位	分辨率	量程
CO	ppm	1	$0\sim1000$
Cl_2	ppm	0.1	$0.0\sim20$
HCN	ppm	0.1	$0.0\sim50$
H_2S	ppm	1	$0\sim500$
NO	ppm	0.1	$0.0\sim100$
NO_2	ppm	0.1	$0.0\sim50$
SO_2	ppm	0.1	$0.0\sim50$

（2）臭氧检测仪

臭氧检测仪是采用紫外线吸收法的原理,用稳定的紫外灯光源产生紫外线,用光波过滤器过滤掉其他波长紫外光,只允许特定波长通过。经过样品光电传感器,再经过臭氧吸收池后,到达采样光电传感器。通过样品光电传感器和采样光电传感器电信号比较,再经过数学模型的计算,就能得出臭氧浓度大小。

臭氧检测仪主要由低压紫外灯、光波过滤器、入射紫外光反射器、臭氧吸收池、样品光电传感器、采样光电传感器、输出显示、电路部件构成。

2.3.1.4　实验内容

（1）根据不同的功能分区,进行以下 5 类实验测试:

①教室:教室属于学校的主要学习区域。在教室布设采样点,可监测教室室内空气质量,对学生的学习环境做出评价。

②宿舍:宿舍属于学生主要的生活区域,宿舍内的空气质量将直接影响学生的日常生活和身体健康。在宿舍布设采样点,可监测宿舍室内空气质量,对学生的生活环境做出评价。

③实验室:实验室属于学校的主要工作区域,实验室室内空气质量对于长期身处实验室的师生的身体健康将产生重要影响。不同的实验室空气状况又不尽相同,在不同的实验室布设采样点,可监测实验室室内空气质量,对师生的工作和学习环境做出评价。

④运动场:运动场属于学校的运动区,临街,受到汽车尾气、塑胶跑道及其他体育设施的影响。

⑤学校正门:学校正门前车流量较大。汽车尾气为主要污染源,对师生的日常学习生活环境造成严重影响。在学校正门门口布设采样点,可监测学校正门一带空气质量,对师生的学习生活环境做出评价。

（2）具体实施

使用空气质量检测仪分三个时段(8:00—9:00、13:00—14:00、17:00—18:00)各测量两次,连续采集两天。测量时记录气温、气压、风向、风速、阴晴等气象因素。

将测试数据填入实验表格中,并进行相应的计算分析。

2.3.1.5　实验安全要点

（1）测量时注意安全,学生分组进行,做好计划分工。

（2）测量重污染区时做好必要的防护,切勿长时间暴露于重污染区。

（3）爱惜实验设备,防止摔碰、跌落,实验完毕恢复原样,并注意定期充电保养维护。

2.3.1.6　实验报告

(1)将五类(教室、宿舍、实验室、运动场和学校正门)现场采集数据及实验工况分别填入表 2-7 中。

(2)根据表 2-7 记录的数据,分别计算五类场所的 SO_2 和 NO_2 的 API 值。

表 2-7　现场数据采集记录表

检测时间			人员		风速	
检测地点			气温		湿度	
检测项目	SO_2	NO_2	$PM_{2.5}$	PM_{10}	O_3	CO
浓度(mg/m^3)						

检测时间			人员		风速	
检测地点			气温		湿度	
检测项目	SO_2	NO_2	$PM_{2.5}$	PM_{10}	O_3	CO
浓度(mg/m^3)						

检测时间			人员		风速	
检测地点			气温		湿度	
检测项目	SO_2	NO_2	$PM_{2.5}$	PM_{10}	O_3	CO
浓度(mg/m^3)						

检测时间			人员		风速	
检测地点			气温		湿度	
检测项目	SO_2	NO_2	$PM_{2.5}$	PM_{10}	O_3	CO
浓度(mg/m^3)						

检测时间			人员		风速	
检测地点			气温		湿度	
检测项目	SO_2	NO_2	$PM_{2.5}$	PM_{10}	O_3	CO
浓度(mg/m^3)						

(3)根据表 2-7 记录的数据,分别计算五类场所的各项污染物的空气质量分指数(IAQI),并确定出 AQI 值。

(4)依据 AQI 的计算来评价空气质量并判断不同场所的主要污染物及主要污染物产生的原因。

2.3.1.7 学生自评与教师评价

(1)学生自评

实验时间:＿＿＿＿＿＿＿＿＿　　　　姓名:＿＿＿＿＿＿＿＿＿

实验地点:＿＿＿＿＿＿＿＿＿　　　　学号:＿＿＿＿＿＿＿＿＿

学生自评:

学生签字:

日期:

(2)教师评价

分项	实验预习	实验操作	实验报告	实验自评	实验总评
成绩					
教师签字					

注:总评成绩＝实验预习成绩×30％＋实验操作成绩×30％＋实验报告成绩×30％＋实验自评成绩×10％,成绩为百分制。

教师评语:

教师签字:

日期:

2.3.2　室内有毒有害气体检测

2.3.2.1　实验目的

(1)了解室内空气质量相关的物理量。

(2)学会正确使用室内空气质量检测仪。

(3)学会正确使用便携式测氡仪。

(4)学会通过实验评价室内空气质量。

> 你知道室内空气中含有多少有毒有害气体吗?

2.3.2.2　实验仪器及材料

(1)室内空气质量检测仪　　　　　　　1台

(2)便携式测氡仪　　　　　　　　　　1台

2.3.2.3　实验仪器简介

(1)室内空气质量检测仪

以伟复 XJ-K6 型室内空气质量检测仪为例,简要介绍设备情况。它是伟复科技仪器研发的产品,能同时现场检测六种室内污染气体(甲醛、苯、氨、甲苯、二甲苯、TVOC)。可以同时检测 6 种气体,也可以根据需要选择任意几种或一种气体同时进行检测,采用美国 TI 公司新智能传感器进行分光,并可在液晶屏上现场直接显示读数[5]。

主要技术参数:

①流量:6×2.5 L/min

②分辨率:0.01 mg/m^3

③精度:$\pm 5\%$

④时间设定范围:$0 \sim 60$ min

⑤检测范围:

$0.00 \sim 4.00$ mg/m^3(苯、氨、甲苯、二甲苯、TVOC)

$0.00 \sim 1.20$ mg/m^3(甲醛)

(2)便携式测氡仪

①主要技术指标

灵敏度:$\geqslant 0.8$ cpm/(Bq·m^{-3})

测量范围:空气氡为$(3 \sim 10000)$Bq/m^3

　　　　　　土壤氡为$(300 \sim 100000)$Bq/m^3

探测器:硫化锌 ZnS(Ag)和光电倍增管组合探测系统

数据计算:自动计算单次测量结果/平均测量结果的浓度

取气方式:主动泵吸式

响应时间:30 min 可给出测量结果

②应用领域

便携式测氡仪符合 GB 50325—2010《民用建筑工程室内环境污染控制规范》和 GB/T 16147《空气中氡浓度的闪烁瓶测量方法》的测量原理和要求。可用于环境空气、土壤、水中氡浓度的监测与分析。

2.3.2.4　实验内容

主要检测室内的甲醛、苯、氨、TVOC、氡五种物质,测定其具体浓度,根据检测结果分析室内空气质量。

用伟复 XJ-K6 型室内空气质量检测仪检测甲醛、苯、氨、TVOC 的浓度,用便携式测氡仪检测室内空气中的氡浓度,将检测结果填入表 2-8 中。

2.3.2.5　实验内容及安全要点

(1)测量时注意安全,学生分组进行,做好计划分工。

(2)测量重污染区时做好必要的防护,切勿长时间暴露于重污染区。

(3)爱惜实验设备,防止摔碰、跌落,实验完毕恢复原样,并注意定期充电保养维护。

2.3.2.6　实验报告

(1)将现场采集数据及实验工况分别填入表 2-8 中。

表 2-8　现场数据采集记录表

检测时间			人员		气压	
检测地点			气温		阴晴	
检测项目		甲醛	苯	TVOC	氡	氨
测次	1					
	2					
	3					
平均浓度						

(2)对现场采集数据进行分析,并结合相关标准评价室内空气质量。

2.3.2.7　学生自评与教师评价

(1)学生自评

实验时间:＿＿＿＿＿＿＿　　　　　　姓名:＿＿＿＿＿＿＿

实验地点:＿＿＿＿＿＿＿　　　　　　学号:＿＿＿＿＿＿＿

学生自评:

学生签字:

日期:

(2)教师评价

分项	实验预习	实验操作	实验报告	实验自评	实验总评
成绩					
教师签字					

注:总评成绩＝实验预习成绩×30％＋实验操作成绩×30％＋实验报告成绩×30％＋实验自评成绩×10％,成绩为百分制。

教师评语:

教师签字:

日期:

思考题

1. 什么是大气污染？大气污染有哪些分类？
2. 简述大气主要污染物。
3. 大气污染防治措施有哪些？
4. 室内空气污染源有哪些？
5. 简述室内空气主要污染物。
6. 室内空气污染源的控制措施及污染治理技术有哪些？
7. 什么是 API？什么是 AQI？二者有何区别？

生活小贴士：安全无害的室内除甲醛小妙招

1. 开窗通风

通过室内空气的流通，可以降低室内空气中有害物质的含量，从而减少此类物质对人体的危害。

2. 活性炭吸附

利用活性炭的物理吸附作用除臭，去毒，无任何化学添加剂，对人身无不良影响。

3. 植物除甲醛

吊兰、虎皮兰、芦荟、常青藤等植物能起到除甲醛的作用，一般室内轻度和中度污染，采用植物净化能达到比较好的效果。

本章参考文献

[1] 朱蓓丽,程秀莲,黄修长.环境工程概论(第四版)[M].北京:科学出版社,2016:112-116.
[2] 刘艳华,王新轲,孔琼香.室内空气质量检测与控制[M].北京:化学工业出版社,2013:8.
[3] 中华人民共和国环境保护部.环境空气质量指数(AQI)技术规定(试行):HJ 633—2012.北京:中国环境科学出版社,2012:2.
[4] 3M QUEST EVM-7 空气质量检测仪使用说明书.
[5] 伟复 XJ-K6 型室内空气质量检测仪使用说明书.

第 3 章　水污染认知与实验

3.1　水污染基础知识

随着工业的发展和人口增长,水污染问题已成为当前制约社会经济发展的主要因素之一。工业和生活废弃物大量产生,再加上农业领域农药和化肥广泛应用,使水源受到污染的机会大大增加。水污染比大气污染和固体废物污染后果更严重,污染后更难治理。人若饮用或接触大量受污染的水,会危害身体健康。

河流、湖泊及地下水所遭受的污染直接影响到饮用水源,环保部的一项数据显示,我们的饮用水 50% 以上是不安全的。城市中污水的集中排放,严重超出水体自净能力,许多城市存在水质型缺水问题。我国因水污染造成的事故屡见不鲜,水污染正威胁着人类的活动和生存,防治污染、保护水资源迫在眉睫。

每年的 3 月 22 日为"世界水日",旨在唤起公众的节水意识,加强水资源保护。我们应该从你我做起,从小事做起,节约用水,保护水环境,珍惜我们赖以生存的水资源。

3.1.1　水污染相关名称术语

(1)水污染(water contamination)[1]

水污染是指水体因某种物质的介入,而导致其化学、物理、生物或者放射性等方面特性的改变,从而影响水的有效利用,危害人体健康或者破坏生态环境,造成水质恶化的现象。

(2)水污染物(water pollutants)

水污染物是指直接或者间接向水体排放的,能导致水体污染的物质。

(3)有毒污染物(toxic pollutants)

有毒污染物是指那些直接或者间接被生物摄入体内后,可能导致该生物或者其后代发病、行为反常、遗传异变、生理机能失常、机体变形或者死亡的污染物。

(4)生活饮用水(drinking water)

生活饮用水是指供人生活的饮水和生活用水。

（5）供水方式（typc of water supply）

①集中式供水（central water supply）

自水源集中取水，通过输配水管网送到用户或者公共取水点的供水方式，包括自建设施供水。为用户提供日常饮用水的供水站和为公共场所、居民社区提供的分质供水也属于集中式供水。

②二次供水（secondary water supply）

集中式供水在入户之前经再度储存、加压和消毒或深度处理，通过管道或容器输送给用户的供水方式。

③农村小型集中式供水（small central water supply for rural areas）

日供水在 1000 m³ 以下（或供水人口在 1 万人以下）的农村集中式供水。

④分散式供水（non-central water supply）

用户直接从水源取水，未经任何设施或仅有简易设施的供水方式。

（6）常规指标（regular indices）

能反映生活饮用水水质基本状况的水质指标。

（7）非常规指标（non-regular indices）

根据地区、时间或特殊情况需要的生活饮用水水质指标。

3.1.2　水污染的主要来源

（1）工业废水

工业废水是指在工业生产中的热交换、产品输送、产品清洗、选矿、除渣、生产反应等过程中产生的大量废水。产生工业废水的主要企业有初级金属加工、食品加工、纺织、造纸、开矿、冶炼、化工等。

（2）生活污水

生活污水是来自家庭、机关、商业和城市公用设施及城市径流的污水。新鲜的城市污水渐渐陈腐和腐化使溶解氧含量下降，出现厌氧降解反应，产生硫化氢、硫醇、吲哚和粪臭素，使水具有恶臭。生活污水的成分 99％为水，固体杂质不到 1％，大多为无毒物质，另外还有各种洗涤剂和微量金属；生活污水中还含有大量的杂菌，主要为大肠菌群。另外生活污水中氮和磷的含量比较高，主要来源于商业污水、城市地面径流和粪便、洗涤剂等。

（3）医院污水

一般综合医院、传染病医院、结核病院等排出的污水含有大量的病原体，如伤寒杆菌、痢疾杆菌、结核杆菌、致病原虫、肠道病毒、腺病毒、肝炎病毒、血吸虫卵、钩虫、蛔虫卵等，这些病原体在外环境中可生存较长时间。因此，医院污水污染水或土壤后，能在较长时间内通过饮水或食物途径传播疾病。此外，水体中贝类具有浓缩病菌和病毒的能力，故水体污染后，生食水中贝类有很大的风险。

（4）农田水的径流和渗透

在广大农村中，习惯使用未经处理的人畜粪便、尿液浇灌菜地和农田。几十年来，化肥、农药的用量在迅速增加，土壤经施肥或使用农药后，通过雨水或灌溉用水的冲刷及土壤的渗透作用，可使残存的肥料及农药通过农田的径流，而进入地面水和地下水。农田径流中含有大量病原体、悬浮物、化肥、农药及分解产物。农药种类繁多，性质各异，故毒性大小也不相同，有的农药无毒或基本无毒，有的可引起急慢性中毒，有的可能致癌、致突变和致畸，有的对生殖和免疫机能有不良影响。

（5）废物的堆放、掩埋和倾倒

一些暂时堆放于露天的废物可以因风吹雨淋等原因被带入水体中，一些废弃物人为倾倒进入水体，一些难于处置的废弃物被人们掩埋在地下深层，但如地下处置工程设置不当或不加任何处理填埋，会影响处置地区周围的地质与环境，使被处置的污染物进入水体，引起水体污染。

3.1.3　水质分类标准

水资源保护和水体污染控制要从两方面着手：一方面制订水体的环境质量标准，保证水体质量和水域使用；另一方面要制订污水排放标准，对必须排放的工业废水和生活污水进行必要而适当的处理。

国家规定了各种用水在物理性质、化学性质和生物性质方面的要求。根据供水目的的不同，存在着饮用水水质标准、农用灌溉水水质标准等。对水质要求最基本的是由国家环保总局发布《地表水环境质量标准》（GB 3838—2002）。

依照《地表水环境质量标准》的规定，中国地面水分五大类：

（1）Ⅰ类水质

Ⅰ类水质主要适用于源头水、国家自然保护区。Ⅰ类水质良好。地下水只需消毒处理，地表水经简易净化处理（如过滤）、消毒后即可供生活饮用。

（2）Ⅱ类水质

Ⅱ类水质主要适用于集中式生活饮用水地表水源地一级保护区、珍稀水生生物栖息地、鱼虾类产卵场、仔稚幼鱼的索饵场等。Ⅱ类水质受轻度污染。经常规净化处理（如絮凝、沉淀、过滤、消毒等），可供生活饮用。

（3）Ⅲ类水质

Ⅲ类水质主要适用于集中式生活饮用水地表水源地二级保护区、鱼虾类越冬场、洄游通道、水产养殖区等渔业水域及游泳区。

（4）Ⅳ类水质

Ⅳ类水质主要适用于一般工业用水区及人体非直接接触的娱乐用水区。

（5）Ⅴ类水质

Ⅴ类水质主要适用于农业用水区及一般景观要求水域。

超过 V 类水质标准的水体基本上已无使用功能。

3.1.4 地表水环境质量标准基本项目标准限值

地表水环境质量标准基本项目标准限值如表 3-1 所示[2]。

表 3-1 地表水环境质量标准基本项目标准限值 （单位：mg/L）

序号	项目		I 类	II 类	III 类	IV 类	V 类
1	水温（℃）		人为造成的环境水温变化应限制在：周平均最大温升≤1,周平均最大温降≤2				
2	pH 值（无量纲）		6～9				
3	溶解氧（DO）	≥	饱和率 90%	6	5	3	2
4	高锰酸盐指数	≤	2	4	6	10	15
5	化学需氧量（COD）	≤	15	15	20	30	40
6	五日生化需氧量（BOD$_5$）	≤	3	3	4	6	10
7	氨氮（NH$_3$-N）	≤	0.15	0.5	1	1.5	2
8	总磷	≤	0.02	0.1	0.2	0.3	0.4
9	总氮	≤	0.2	0.5	1	1.5	2
10	铜	≤	0.01	1	1	1	1
11	锌	≤	0.05	1	1	2	2
12	氟化物	≤	1	1	1	1.5	1.5
13	硒	≤	0.01	0.01	0.01	0.02	0.02
14	砷	≤	0.05	0.05	0.05	0.1	0.1
15	汞	≤	0.00005	0.00005	0.0001	0.001	0.001
16	镉	≤	0.001	0.005	0.005	0.005	0.01
17	铬（六价）	≤	0.01	0.05	0.05	0.05	0.1
18	铅	≤	0.01	0.01	0.05	0.05	0.1
19	氰化物	≤	0.005	0.05	0.02	0.2	0.2
20	挥发酚	≤	0.002	0.002	0.005	0.01	0.1
21	石油类	≤	0.05	0.05	0.05	0.5	1
22	阴离子表面活性剂	≤	0.2	0.2	0.2	0.3	0.3
23	硫化物	≤	0.05	0.1	0.2	0.5	1
24	粪大肠菌群（个/L）	≤	200	2000	10000	20000	40000

3.1.5 生活饮用水水质卫生基本要求

生活饮用水水质应至少符合下列基本要求才可以保证饮用安全[3]：

（1）生活饮用水中不得含有病原微生物。

（2）生活饮用水中化学物质不得危害人体健康。

（3）生活饮用水中放射性物质不得危害人体健康。

（4）生活饮用水的感官性状良好。

（5）生活饮用水应经消毒处理。

（6）生活饮用水水质应符合《生活饮用水卫生标准》(GB 5749—2006)中的水质常规指标及限值（如表 3-2、表 3-3、表 3-4、表 3-5 所示）和水质非常规指标及限值（如表 3-6、表 3-7、表 3-8 所示）卫生要求。集中式供水出厂水中消毒剂限值、出厂水和管网末梢水中消毒剂余量均应符合《生活饮用水卫生标准》中的饮用水中消毒剂常规指标及要求（如表 3-9 所示）。

表 3-2　水质常规指标及限值——微生物指标

指标	限值
总大肠菌群(MPN/100 mL 或 CFU/100 mL)	不得检出
耐热大肠菌群(MPN/100 mL 或 CFU/100 mL)	不得检出
大肠埃希氏菌(MPN/100 mL 或 CFU/100 mL)	不得检出
菌落总数(CFU/mL)	100

注：MPN 表示最可能数；CFU 表示菌落形成单位。当水样检出总大肠菌群时，应进一步检验大肠埃希氏菌或耐热大肠菌群；水样未检出总大肠菌群，不必检验大肠埃希氏菌或耐热大肠菌群。

表 3-3　水质常规指标及限值——放射性指标

放射性指标	指导值
总 α 放射性(Bq/L)	0.5
总 β 放射性(Bq/L)	1

注：放射性指标超过指导值，应进行核素分析和评价，判定能否饮用。

表 3-4　水质常规指标及限值——毒理指标

指标	限值
砷(mg/L)	0.01
镉(mg/L)	0.005
铬(六价,mg/L)	0.05
铅(mg/L)	0.01
汞(mg/L)	0.001
硒(mg/L)	0.01
氰化物(mg/L)	0.05
氟化物(mg/L)	1.0
硝酸盐(以 N 计,mg/L)	10(地下水源限制为 20)
三氯甲烷(mg/L)	0.06

续表

指标	限值
四氯化碳(mg/L)	0.002
溴酸盐(使用臭氧时,mg/L)	0.01
甲醛(使用臭氧时,mg/L)	0.9
亚氯酸盐(使用二氧化氯消毒时,mg/L)	0.7
氯酸盐(使用复合二氧化氯消毒时,mg/L)	0.7

表 3-5　水质常规指标及限值——感官性状和一般化学指标

指标	限值
色度(铂钴色度单位)	15
浑浊度(NTU-散射浊度单位)	1(水源与净水技术条件限制时为 3)
臭和味	无异臭、异味
肉眼可见物	无
pH	不小于 6.5 且不大于 8.5
铝(mg/L)	0.2
铁(mg/L)	0.3
锰(mg/L)	0.1
铜(mg/L)	1.0
锌(mg/L)	1.0
氯化物(mg/L)	250
硫酸盐(mg/L)	250
溶解性总固体(mg/L)	1000
总硬度(以 $CaCO_3$ 计,mg/L)	450
耗氧量(CODMn 法,以 O_2 计,mg/L)	3(水源限制,原水耗氧量>6 mg/L 时为 5)
挥发酚类(以苯酚计,mg/L)	0.002
阴离子合成洗涤剂(mg/L)	0.3

表 3-6　水质非常规指标及限值——微生物指标

指标	限值
贾第鞭毛虫(个/10L)	<1
隐孢子虫(个/10L)	<1

表 3-7　水质非常规指标及限值——感官性状和一般化学指标

指标	限值
氨氮(以 N 计,mg/L)	0.5
硫化物(mg/L)	0.02
钠(mg/L)	200

表 3-8　水质非常规指标及限值——毒理指标

指标	限值
锑(mg/L)	0.005
钡(mg/L)	0.7
铍(mg/L)	0.002
硼(mg/L)	0.5
钼(mg/L)	0.07
镍(mg/L)	0.02
银(mg/L)	0.05
铊(mg/L)	0.0001
氯化氰(以 CN-计,mg/L)	0.07
一氯二溴甲烷(mg/L)	0.1
二氯一溴甲烷(mg/L)	0.06
二氯乙酸(mg/L)	0.05
1,2-二氯乙烷(mg/L)	0.03
二氯甲烷(mg/L)	0.02
三卤甲烷(三氯甲烷、一氯二溴甲烷、二氯一溴甲烷、三溴甲烷的总和)	该类化合物中各种化合物的实测浓度与其各自限值的比值之和不超过 1
1,1,1-三氯乙烷(mg/L)	2
三氯乙酸(mg/L)	0.1
三氯乙醛(mg/L)	0.01
2,4,6-三氯酚(mg/L)	0.2
三溴甲烷(mg/L)	0.1
指标	限值
七氯(mg/L)	0.0004
马拉硫磷(mg/L)	0.25
五氯酚(mg/L)	0.009
六六六(总量,mg/L)	0.005
六氯苯(mg/L)	0.001
乐果(mg/L)	0.08
对硫磷(mg/L)	0.003

续表

指标	限值
灭草松(mg/L)	0.3
甲基对硫磷(mg/L)	0.02
百菌清(mg/L)	0.01
呋喃丹(mg/L)	0.007
林丹(mg/L)	0.002
毒死蜱(mg/L)	0.03
草甘膦(mg/L)	0.7
敌敌畏(mg/L)	0.001
莠去津(mg/L)	0.002
溴氰菊酯(mg/L)	0.02
2,4-滴(mg/L)	0.03
滴滴涕(mg/L)	0.001
乙苯(mg/L)	0.3
二甲苯(mg/L)	0.5
1,1-二氯乙烯(mg/L)	0.03
1,2-二氯乙烯(mg/L)	0.05
1,2-二氯苯(mg/L)	1
1,4-二氯苯(mg/L)	0.3
三氯乙烯(mg/L)	0.07
三氯苯(总量,mg/L)	0.02
六氯丁二烯(mg/L)	0.0006
丙烯酰胺(mg/L)	0.0005
四氯乙烯(mg/L)	0.04
甲苯(mg/L)	0.7
邻苯二甲酸二(2-乙基己基)酯(mg/L)	0.008
环氧氯丙烷(mg/L)	0.0004
苯(mg/L)	0.01
苯乙烯(mg/L)	0.02
苯并(a)芘(mg/L)	0.00001
氯乙烯(mg/L)	0.005
氯苯(mg/L)	0.3
微囊藻毒素-LR(mg/L)	0.001

表 3-9　饮用水中消毒剂常规指标及要求

消毒剂名称	与水接触时间	出厂水中限值	出厂水中余量	管网末梢水中余量
氯气及游离氯制剂(游离氯,mg/L)	至少 30 min	4	≥0.3	≥0.05
一氯胺(总氯,mg/L)	至少 120 min	3	≥0.5	≥0.05
臭氧(O₃,mg/L)	至少 12 min	0.3		0.02
二氧化氯(ClO₂,mg/L)	至少 30 min	0.8	≥0.1	≥0.02

3.1.6　水污染防治一般规定措施

《中华人民共和国水污染防治法》对水污染防治措施作了具体规定,一般规定措施如下:

(1)禁止向水体排放油类、酸液、碱液或者剧毒废液。

(2)禁止在水体清洗装贮过油类或者有毒污染物的车辆和容器。

(3)禁止向水体排放、倾倒放射性固体废物或者含有高放射性和中放射性物质的废水。

(4)向水体排放含低放射性物质的废水,应当符合国家有关放射性污染防治的规定和标准。

(5)向水体排放含热废水,应当采取措施,保证水体的水温符合水环境质量标准。

(6)含病原体的污水应当经过消毒处理;符合国家有关标准后,方可排放。

(7)禁止向水体排放、倾倒工业废渣、城镇垃圾和其他废弃物。

(8)禁止将含有汞、镉、砷、铬、铅、氰化物、黄磷等的可溶性剧毒废渣向水体排放、倾倒或者直接埋入地下。

(9)存放可溶性剧毒废渣的场所,应当采取防水、防渗漏、防流失的措施。

(10)禁止在江河、湖泊、运河、渠道、水库最高水位线以下的滩地和岸坡堆放、存贮固体废弃物和其他污染物。

(11)禁止利用渗井、渗坑、裂隙和溶洞排放、倾倒含有毒污染物的废水、含病原体的污水和其他废弃物。

(12)禁止利用无防渗漏措施的沟渠、坑塘等输送或者存贮含有毒污染物的废水、含病原体的污水和其他废弃物。

(13)多层地下水的含水层水质差异大的,应当分层开采;对已受污染的潜水和承压水,不得混合开采。

(14)兴建地下工程设施或者进行地下勘探、采矿等活动,应当采取防护性措施,防止地下水污染。

(15)人工回灌补给地下水,不得恶化地下水质。

3.1.7　家用净水器及其净水处理方法

家用净水器实质上是水深度处理的小型化,其主要处理对象是自来水中的浊度、色度、异味和有机物等。它一般由预过滤(粗滤)、吸附、精滤(微过滤、超过滤、反渗透)等三部分组成。其中吸附(通常采用活性炭吸附)和精滤是去除水中有机物、异嗅和色度的主要手段,客观存在的运行情况直接影响净水器的出水水质。

净水器净水处理方法主要有以下几种:

(1)软化法

软化法是指将水中硬度(主要指水中钙、镁离子)去除或降低一定程度的水。水在软化过程中,只是软化水质,而不能改善水质。

(2)蒸馏法

蒸馏法是指将水煮沸,然后收集蒸汽,使之冷却和凝结成液体。但蒸馏水不含矿物质,另外利用蒸馏法成本较高,耗费能源,而且不能去除水中挥发性物质。

(3)煮沸法

煮沸法是指自来水煮沸后饮用。水煮沸可杀死细菌,但不能去除某些化学物质和重金属,所以饮用仍然是不安全的。

(4)磁化法

磁化法是指利用磁场效应处理水。磁化处理的过程就是让水在垂直于磁感线的方向通过磁铁。但磁化水不属于净水的范围,而是属于医疗方面的。

(5)矿化法

矿化法是指在净化的基础上再向水中增添对人体有益的矿物质元素(如钙、锌、锶等元素),目的是发挥矿泉水的保健作用。市售净水器一般通过在净水器中添加麦饭石来达到矿化的目的。

(6)臭氧、紫外线杀菌

臭氧、紫外线都只能杀菌,去除不掉水中的重金属和化学物质,被杀死的细菌尸体仍残留在水中,而成为热原体。

(7)活性炭吸附

①颗粒活性炭

颗粒活性炭较为常用,多用木质、煤质、果壳(核)等含碳物质通过化学法或物理活化法制成。它有非常多的微孔和比较大的比表面积,因而具有很强的吸附能力,能有效地吸附水中的有机污染物。

②渗银活性炭

渗银活性炭是将活性炭和银结合在一起,可以吸附水中有机污染物,还可以杀菌,而且活性炭内不会滋长细菌,解决了净水器出水有时出现亚硝酸盐含量高的问题。当水通过渗银活性炭时,银离子就会慢慢释放出来,起到消毒杀菌作用。由于活性炭对除去水中色、嗅、氯、铁、砷、汞、氰化物,酚等具有较好效果,除菌效果 90% 以上,因此被应用到小型净水器中。

③纤维活性炭

纤维活性炭是有机炭纤维经活化处理后形成的一种新型吸附材料,具有发达的微孔结构,巨大的比表面积,以及众多的官能团。

(8)反渗透膜法

反渗透膜法是膜分离技术的一种,这种方法是用压力将水通过合成的膜,膜仅允许纯水通过,而污染物被排除。系统的运行取决于若干因素,如波动的水压、膜的寿命、膜孔的堵塞均会影响出水的品质。系统费用很高,而且还要做日常的服务、监控和换膜等工作。

(9)微过滤及超过滤法

微过滤法是用纤维素或高分子材料制成的微孔滤膜,利用其均一孔径来截留水中的微粒、细菌、胶体等,使其不通过滤膜而被去除。微孔膜过滤技术能够过滤微米或纳米级的微粒和细菌。超过滤和微过滤都属于膜分离技术,两者之间不存在明显的界限,超过滤的工作压力一般为 0.3 MPa 左右,可去除水中大分子物质、细菌、病毒等,但通量较低。

(10)复合型

复合型是指当一种工艺难以去除水中有害物质时采用两种或两种以上的工艺。如紫外线杀菌+活性炭吸附、反渗透+活性炭吸附等。在复合型净水器中,膜技术复合净水器净水性能优良,特别在去除微生物(细菌、藻类等)方面有比较显著的效果,其中一些品质优良的净水器出水可以直接生饮,已成为净水器当前发展的热点。

3.2　水污染事故案例

3.2.1　松花江水污染事件

2005 年 11 月 13 日,吉林石化公司双苯厂一车间发生爆炸,截至同年 11 月 14 日,共造成 5 人死亡、1 人失踪,近 70 人受伤。爆炸发生后,约 100 t 苯类物质(苯、硝基苯等)流入松花江,造成了江水严重污染,沿岸数百万居民的生活受到严重影响。爆炸导致松花江江面上产生一条长达 80 km 的污染带,主要由苯和硝基苯组成。污染带通过哈尔滨市,该市经历长达五天的停水,是一起工业灾难。

污染造成松花江江面上有一条长达 80 km 的污染带正在向下流动,苯含量一度超标 108 倍。污染带先通过了吉林省的多个市县,包括松原市;之后污染带进入黑龙江省境内,省会哈尔滨市几乎是首当其冲。过了哈尔滨之后,污染带将继续从南向北移动,并且流经佳木斯市等黑龙江省的多个市县,然后在松花江口注入黑龙江。污染带将沿黑龙江向东流动,先经过俄罗斯的犹太自治州,然后进入哈巴罗夫斯克边疆区,并且流经哈巴罗夫斯克(伯力)、共青城、尼古拉耶夫斯克(庙街)等城市,最后注入太平洋。

爆炸事故的主要原因是中国石油天然气股份有限公司吉林石化分公司及双苯厂对安全生产管理重视不够、对存在的安全隐患整改不力,安全生产管理制度存在漏洞,劳动组织管理存在缺陷。

污染事件的直接原因是爆炸事故发生后,未能及时采取有效措施,防止泄漏出来的部分物料和循环水及抢救事故现场消防水与残余物料的混合物流入松花江。

污染事件的主要原因:

(1)吉化分公司及双苯厂对可能发生的事故会引发松花江水污染问题没有进行深入研究,缺失有关应急预案。

(2)吉林市事故应急救援指挥部对水污染估计不足,重视不够,未提出防控措施和要求。

(3)中国石油天然气集团公司和股份公司对环境保护工作重视不够,对吉化分公司环保工作中存在的问题失察,对水污染估计不足,重视不够,未能及时督促采取措施。

(4)吉林市环保局没有及时向事故应急救援指挥部建议采取措施。

(5)吉林省环保局对水污染问题重视不够,没有按照有关规定全面、准确地报告水污染程度。

(6)环保总局在事件初期对可能产生的严重后果估计不足,重视不够,没有及时提出妥善处置意见。

3.2.2　近年来部分水污染事件

【案例 1】2010 年 7 月 3 日,福建省紫金矿业集团有限公司紫金山铜矿湿法厂发生铜酸水渗漏,9100 m³ 的污水顺着排洪涵洞流入汀江,导致汀江部分河段严重污染,当地渔民的数百万公斤网箱养殖鱼死亡,直接经济损失达 3187.71 万元人民币。但紫金矿业却将这起污染事故隐瞒 9 天才进行公告,并因应急处置不力,导致 7 月 16 日再次发生污水渗透。事发后,当地多名官员被停职检查或责令辞职,相关企业负责人被刑事拘留。2010 年 10 月 8 日,福建省环保局对紫金矿业作出罚款 956.313 万元人民币的行政处罚决定,创下对污染企业的最高罚款纪录。

【案例 2】2010 年 7 月 28 日,吉林省两家化工企业的仓库被洪水冲毁,7138 只物料桶被冲入温德河,随后进入松花江。桶装原料主要为三甲基一氯硅烷、六甲基二硅氮烷等,污染带长 5 km。为防止危机扩大,沿岸出动上万人拦截,城市供水管道被切断,几乎是 5 年前吉林石化爆炸的翻版。

【案例 3】2011 年 1 月,安徽怀宁县高河镇新山社区检测出 228 名儿童血铅超标;

3月,浙江台州市路桥区峰江街道上陶村检测出172人血铅超标,其中儿童53人;浙江湖州市德清新市的海久电池股份有限公司被曝造成332人血铅超标,其中儿童99人;5月,广东省紫金县的三威电池有限公司被曝造成136人血铅超标,其中达到铅中毒判定标准的59人;9月,上海康桥地区25名儿童被测出血铅超标。导致血铅超标的污染源,几乎全是蓄电池企业。环境保护部2011年3月对388家铅蓄电池企业进行督察发现,大多数中小企业存在各种环境违法问题,为此对铅蓄电池企业进行重点整治。

【案例4】2011年6月4日,中海油与康菲石油合作的蓬莱19-3油田发生漏油事故,截至12月29日,这起事故已造成渤海6200 km² 海水受污染,大约相当于渤海面积的7%,其中大部分海域水质由原一类沦为四类,所波及地区的生态环境遭严重破坏,河北、辽宁两地大批渔民和养殖户损失惨重。事故发生后,中海油和康菲公司因信息披露不全、推诿卸责、处置不力等而饱受舆论批评,索赔工作进展艰难,直到次年才有所突破,其中,国家海洋局于2012年4月27日宣布,康菲公司和中海油将支付总计16.83亿元的赔偿款,此数额创下了我国生态索赔的最高纪录。

【案例5】2012年1月15日,因广西金河矿业股份有限公司、河池市金城江区鸿泉立德粉材料厂违法排放工业污水,广西龙江河突发严重镉污染,水中的镉含量约20 t,污染团顺江而下,污染河段长达约300 km,并于1月26日进入下游的柳州,引发举国关注的"柳州保卫战"。这起污染事件对龙江河沿岸众多渔民和柳州三百多万市民的生活造成严重影响。截至2月2日,龙江河宜州拉浪至三岔段共有133万尾鱼苗、4万 kg 成鱼死亡,而柳州市则一度出现市民抢购矿泉水情况。事发后,肇事企业的10名责任人因涉嫌污染环境罪被逮捕。

【案例6】2012年12月31日,位于山西长治潞城市境内的潞安天脊煤化工厂发生苯胺泄漏入河事件。长治市通报称,泄漏在山西境内辐射流域约80公里,波及约2万人。民众质疑为何事发5天才通报事故。山西潞安天脊"12·31"事故应急指挥部召开媒体通气会,宣布对事故中的4名直接责任人撤职处理。天脊方元公司总经理、安全生产副总经理、储运车间主任、副主任被撤职。

【案例7】据环保部门监测,练江干流中高锰酸盐指数、化学需氧量、氨氮、总磷等八个监测因子严重超标,其中氨氮长年维持在10 mg/L,最大值达到28.5 mg/L,远远超过了1 mg/L的地表水Ⅲ类正常水质标准;化学需氧量平均维持在100 mg/L,最大值达到184 mg/L,大大超过20 mg/L的标准值。根据2014年的监测结果,主要污染指标比2013年呈加重趋势,成为全国污染最重的河流之一,两岸居民饱受其苦。

【案例8】2016年3月6日至4月5日,宜春中安实业有限公司为了规避监管,间歇性恶意偷排未经任何处理的含有大量重金属镉、铊、砷的废液,导致袁河及仙女湖镉、铊、砷超标,由仙女湖取水的新余市第三水厂取水中断,新余市部分城区停止供水长达10天。

3.3　水污染实验

3.3.1　水质检测实验

3.3.1.1　实验目的

(1)了解水质检测的相关参数。
(2)学会正确使用水质分析仪。
(3)学会对常见水样的水质进行评价。
(4)学会鉴定净水机净水效果。

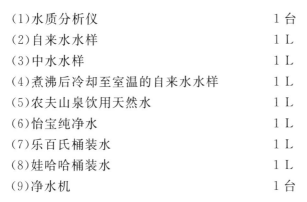

你喝的水安全吗? 怎样检测水质相关参数?

3.3.1.2　实验仪器及材料

(1)水质分析仪	1 台
(2)自来水水样	1 L
(3)中水水样	1 L
(4)煮沸后冷却至室温的自来水水样	1 L
(5)农夫山泉饮用天然水	1 L
(6)怡宝纯净水	1 L
(7)乐百氏桶装水	1 L
(8)娃哈哈桶装水	1 L
(9)净水机	1 台

3.3.1.3　主要设备简介

以 WDC-PC03 水质分析仪为例简要介绍设备情况[4]。

(1)设备特点

①实现了光度法、电极法(独立检测)及滴定法(自动计算)的集成,可检测近百项水质指标。

②独立多通道光路系统,各通道独立控制,互不干扰,有效地消除机械误差,提高检测精度。

③内置光度法工作曲线、滴定法计算程序,无需配置标准溶液,可直接快速地检测水样。

④支持空白校正和标准样品多点校正功能,可自动拟合曲线、无需手动计算,方便扩展检测项目或修正测试结果系统差异,拟合曲线可自动保存且支持断电保留。

⑤利用专用检测试剂包检测水样,大大缩短了试剂配制时间,检测效率更高,操作更简单。

（2）技术指标

①检测系统：多通道独立检测系统。

②显示方式：屏幕显示吸光度值(A)、透光率值(T)、浓度值(C)。

③测量误差：≤±5%；重复性误差：≤±3%。

（3）可检测项目

可检测项目如表 3-10 所示。

表 3-10　可检测项目表

序号	参数名称	测定范围	序号	参数名称	测定范围	序号	参数名称	测定范围
1	余氯	0.05～5.00 mg/L	34	镁-D	2～200.0 mg/L	67	余氯-1	0.5～10.0 mg/L
2	总氯	0.05～5.00 mg/L	35	总碱度-D	10.0～1000 mg/L	68	总氯-1	0.5～10.0 mg/L
3	臭氧	0.05～2.50 mg/L	36	硝酸盐	5.0～150.0 mg/L	69	臭氧-1	0.5～5.00 mg/L
4	亚硝酸盐氮	0.01～0.40 mg/L	37	亚硝酸盐	0.05～2.00 mg/L	70	氨氮-1	1.0～50.0 mg/L
5	氨氮	0.05～10.0 mg/L	38	正磷酸盐	0.1～1.0 mg/L	71	COD-1	500～5000 mg/L
6	低浊度	0.5～60.0NTU	39	亚氯酸盐	0.05～2.0 mg/L	72	总磷	0.5～10.0 mg/L
7	总磷	0.01～1.00 mg/L	40	次氯酸钠	100～5000 mg/L	73	总硬度	12.5～450 mg/L
8	六价铬	0.01～1.00 mg/L	41	铬酸钠	0.01～1.00 mg/L	74	pH	5.5～9.5
9	硫化物	0.02～1.00 mg/L	42	过氧乙酸	0.0～10.0 mg/L	75	钙	0.1～2.00 mg/L
10	COD	10～1000 mg/L	43	过氧化氢	1.0～100.0 mg/L	76	锰-1	0.5～10.00 mg/L
11	氟化物	0.02～2.00 mg/L	44	硫化氢	0.01～1.00 mg/L	77	铜-1	0.5～5.00 mg/L
12	溶解氧	0.1～10.0 mg/L	45	二氧化硅	1.0～20.0 mg/L	78	铁-1	0.5～10.0 mg/L
13	锰	0.05～5.00 mg/L	46	尿素	0.5～10.0 mg/L	79	六价铬-1	0.5～10.0 mg/L
14	铁	0.10～3.00 mg/L	47	亚硫酸盐	0.1～20.0 mg/L	80	总铬	0.5～10.0 mg/L
15	钙-D	2～200 mg/L	48	清洁剂	0.1～3.0 mg/L	81	苯胺	0.03～50 mg/L
16	二氧化氯	0.10～3.00 mg/L	49	联氨	0.01～0.10 mg/L	82	硝基苯	0.1～70 mg/L
17	硝酸盐氮	0.5～20.0 mg/L	50	游离氨	0.1～2.0 mg/L	83	硫氰酸盐	0.15～1.5 mg/L
18	高浊度	5～400NTU	51	镍	0.05～0.5 mg/L	84	钴	0.01～0.50 mg/L
19	色度	5～200PCU	52	锡	0.01～0.50 mg/L	85	硼	0.20～8.00 mg/L
20	总铬	0.01～1.00 mg/L	53	酸度/酚酞-D	10.0～1000 mg/L	86	氯化氰	0.03～1.00 mg/L
21	磷酸盐	0.1～1.0 mg/L	54	碳酸盐-D	10.0～1500 mg/L	87	铅	0.01～1.00 mg/L
22	硫酸盐	5.0～250.0 mg/L	55	重碳酸盐-D	10.0～1500 mg/L	88	汞	2.00～40.0 μg/L
23	CODmn-D	0.50～8.00 mg/L	56	硒	0.10～1.00 mg/L	89	电导率-J	0～1999 μs/cm
24	总硬度-D	1.0～500.0 mg/L	57	温度-J	(−50～300)℃	90	碘	0.00～2.00 mg/L
25	甲醛	0.05～1.50 mg/L	58	盐度-J	(0.0～28)%	91	氯化物	0.5～4.0 mg/L
26	挥发酚	0.10～5.00 mg/L	59	钾	30.0～100 mg/L	92	钒	0.02～10.0 mg/L
27	pH-J	2.0～14.0	60	镉	0.10～5.0 mg/L	93	锑	0.05～1.2 mg/L
28	氯化物	20.0～500 mg/L	61	砷	0.006～0.5 mg/L	94	铊	0.008～3.0 mg/L
29	氰化物	0.03～1.00 mg/L	62	钡	1.0～10.0 mg/L	95	一甲基肼	0.02～0.8 mg/L
30	铝	0.01～0.50 mg/L	63	铍	0.01～0.30 mg/L	96	三乙胺	0.5～3.5 mg/L
31	铜	0.05～1.00 mg/L	64	TDS-J	0～9990 ppm	97	三氯乙醛	0.10～2.00 mg/L
32	锌	0.05～3.00 mg/L	65	钼	0.01～0.30 mg/L	98	二乙烯三胺	0.40～3.20 mg/L
33	游离氯	0.05～5.00 mg/L	66	银	0.05～1.00 mg/L	99	偏二甲肼	0.01～1.00 mg/L

3.3.1.4 实验内容

(1)用水质分析仪(WDC-PC03)测量备用水样的参数:自来水水样(编号1)、中水水样(编号2)、煮沸后冷却至室温的自来水水样(编号3)、农夫山泉饮用天然水(编号4)、怡宝纯净水(编号5)、乐百氏桶装水(编号6)、娃哈哈桶装水(编号7),完成实验记录表格。

(2)鉴定净水机净水效果。

测量净水机净出水水样(编号8)参数和自来水水样(编号1)参数,鉴定净水机净水效果。

3.3.1.5 实验报告

(1)打印所测水样的参数表(表3-11),将参数表粘贴在实验报告中。

(2)根据所测数据,结合相关标准,评价所测水样是否符合要求。

表 3-11 所测水样水质情况表

水样编号	1	2	3	4	5	6	7	8
测量数据								
是否合标								

(3)比较自来水水样和中水水样的差异,详情以表3-12的形式列出,并解释中水的适用范围。

(4)根据净水机净出水水样(编号8)参数和自来水水样(编号1)参数,鉴定净水机净水效果。

(5)根据样品4、样品5、样品6和样品7的测定结果,比较矿泉水与纯净水的区别,以及桶装水和瓶装水的差别。

(6)比较样品1和样品3参数,阐述自来水煮沸后的变化。

表 3-12　自来水水样和中水水样的差异

序号	参数名称	差异	序号	参数名称	差异	序号	参数名称	差异
1	余氯		34	镁-D		67	余氯-1	
2	总氯		35	总碱度-D		68	总氯-1	
3	臭氧		36	硝酸盐		69	臭氧-1	
4	亚硝酸盐氮		37	亚硝酸盐		70	氨氮-1	
5	氨氮		38	正磷酸盐		71	COD-1	
6	低浊度		39	亚氯酸盐		72	总磷	
7	总磷		40	次氯酸钠		73	总硬度	
8	六价铬		41	铬酸钠		74	pH	
9	硫化物		42	过氧乙酸		75	钙	
10	COD		43	过氧化氢		76	锰-1	
11	氟化物		44	硫化氢		77	铜-1	
12	溶解氧		45	二氧化硅		78	铁-1	
13	锰		46	尿素		79	六价铬-1	
14	铁		47	亚硫酸盐		80	总铬	
15	钙-D		48	清洁剂		81	苯胺	
16	二氧化氯		49	联氨		82	硝基苯	
17	硝酸盐氮		50	游离氨		83	硫氰酸盐	
18	高浊度		51	镍		84	钴	
19	色度		52	锡		85	硼	
20	总铬		53	酸度/酚酞-D		86	氯化氰	
21	磷酸盐		54	碳酸盐-D		87	铅	
22	硫酸盐		55	重碳酸盐-D		88	汞	
23	CODmn-D		56	硒		89	电导率-J	
24	总硬度-D		57	温度-J		90	碘	
25	甲醛		58	盐度-J		91	氯化物	
26	挥发酚		59	钾		92	钒	
27	pH-J		60	镉		93	锑	
28	氯化物		61	砷		94	铊	
29	氰化物		62	钡		95	一甲基肼	
30	铝		63	铍		96	三乙胺	
31	铜		64	TDS-J		97	三氯乙醛	
32	锌		65	钼		98	二乙烯三胺	
33	游离氯		66	银		99	偏二甲基肼	

3.3.1.6　学生自评与教师评价

(1)学生自评

实验时间:＿＿＿＿＿＿＿　　　　　　　姓名:＿＿＿＿＿＿＿

实验地点:＿＿＿＿＿＿＿　　　　　　　学号:＿＿＿＿＿＿＿

学生自评:

学生签字:

日期:

(2)教师评价

分项	实验预习	实验操作	实验报告	实验自评	实验总评
成绩					
教师签字					

注:总评成绩＝实验预习成绩×30％＋实验操作成绩×30％＋实验报告成绩×30％＋实验自评成绩×10％,成绩为百分制。

教师评语:

教师签字:

日期:

3.3.2　铜质水管水质检测实验

3.3.2.1　实验目的

(1)了解水质检测的相关参数。

(2)学会正确使用水质分析仪。

(3)学会对水质进行评价。

> 铜真的能促进饮用水水质的提高吗?

3.3.2.2　实验仪器及材料

(1)水质分析仪　　　　　　　1 台

(2)铜质水管　　　　　　　　5 cm/节(共需 20 节)

(3)烧杯　　　　　　　　　　10 个

(4)移液器　　　　　　　　　10 只

(5)自来水水样　　　　　　　20 L

3.3.2.3　实验内容

(1)取一部分自来水样,用水质分析仪测量其水质相关参数。

(2)把 2 节 5 cm 长的铜质水管放在烧杯中,加入自来水,使液面刚好没过水管,浸泡 30 分钟后将烧杯里的水用移液管取出一部分至水质分析仪中测量水质相关参数。

(3)根据步骤 1 和步骤 2 所测结果,对比水质相关参数的差异,将差异情况填入表 3-13 中。

3.3.2.4　实验报告

(1)打印所测水样的参数表,将参数表粘贴在实验报告中,并分别判断自来水水样和铜制水管处理水样的水质级别。

(2)比较自来水水样和铜制水管处理水样的水质参数差异,差异详情以表 3-13 的形式列出,得出铜制水管处理自来水的效果。

表 3-13　自来水水样和铜制水管处理水样的差异

序号	参数名称	差异	序号	参数名称	差异	序号	参数名称	差异
1	余氯		34	镁-D		67	余氯-1	
2	总氯		35	总碱度-D		68	总氯-1	
3	臭氧		36	硝酸盐		69	臭氧-1	
4	亚硝酸盐氮		37	亚硝酸盐		70	氨氮-1	
5	氨氮		38	正磷酸盐		71	COD-1	
6	低浊度		39	亚氯酸盐		72	总磷	
7	总磷		40	次氯酸钠		73	总硬度	
8	六价铬		41	铬酸钠		74	pH	
9	硫化物		42	过氧乙酸		75	钙	
10	COD		43	过氧化氢		76	锰-1	
11	氟化物		44	硫化氢		77	铜-1	
12	溶解氧		45	二氧化硅		78	铁-1	
13	锰		46	尿素		79	六价铬-1	
14	铁		47	亚硫酸盐		80	总铬	
15	钙-D		48	清洁剂		81	苯胺	
16	二氧化氯		49	联氨		82	硝基苯	
17	硝酸盐氮		50	游离氨		83	硫氰酸盐	
18	高浊度		51	镍		84	钴	
19	色度		52	锡		85	硼	
20	总铬		53	酸度/酚酞-D		86	氯化氰	
21	磷酸盐		54	碳酸盐-D		87	铅	
22	硫酸盐		55	重碳酸盐-D		88	汞	
23	CODmn-D		56	硒		89	电导率-J	
24	总硬度-D		57	温度-J		90	碘	
25	甲醛		58	盐度-J		91	氯化物	
26	挥发酚		59	钾		92	钒	
27	pH-J		60	镉		93	锑	
28	氯化物		61	砷		94	铊	
29	氰化物		62	钡		95	一甲基肼	
30	铝		63	铍		96	三乙胺	
31	铜		64	TDS-J		97	三氯乙醛	
32	锌		65	钼		98	二乙烯三胺	
33	游离氯		66	银		99	偏二甲基肼	

3.3.2.5　学生自评与教师评价

(1)学生自评

实验时间：＿＿＿＿＿＿＿　　　　　　姓名：＿＿＿＿＿＿＿

实验地点：＿＿＿＿＿＿＿　　　　　　学号：＿＿＿＿＿＿＿

学生自评：

学生签字：

日期：

(2)教师评价

分项	实验预习	实验操作	实验报告	实验自评	实验总评
成绩					
教师签字					

注：总评成绩＝实验预习成绩×30％＋实验操作成绩×30％＋实验报告成绩×30％＋实验自评成绩×10％,成绩为百分制。

教师评语：

教师签字：

日期：

思考题

1. 什么是水污染？水污染有哪些危害？
2. 水污染的主要来源有哪些？
3. 水质分类的标准是什么？
4. 生活饮用水水质卫生基本要求有哪些？
5. 水污染防治基本措施有哪些？
6. 净水器净水方法有哪些？

生活小贴士：水污染快速检测小妙招

用无荧光棉球和紫外灯可快速检测水污染。污水排放是水体中荧光增白剂的唯一来源。无荧光棉球是不含荧光增白剂的棉料，能吸收极少量的荧光增白剂。

检测时设置对照实验，先测试一下没浸过污水的无荧光棉球会不会在紫外灯下发光，若发光，则不是无荧光棉；然后将对照组和实验组一起放到紫外灯下，观察差异，以此来快速检测水污染。

本章参考文献

[1] 中华人民共和国卫生部,国家标准化管理委员会.生活饮用水卫生标准:GB 5749—2006[S]. 北京:中国标准出版社,2007:1-2.

[2] 中华人民共和国卫生部,国家标准化管理委员会.地表水环境质量标准:GB 3838—2002.北京:中国标准出版社,2002:2.

[3] 中华人民共和国卫生部,国家标准化管理委员会.生活饮用水卫生标准:GB 5749—2006.北京:中国标准出版社,2007:2-6.

[4] WDC-PC03 水质分析仪使用说明书.

第4章　噪声污染认知与实验

4.1　噪声污染基础知识

随着工业的不断发展,环境污染问题日益突出;在环境污染中占有较大比重的噪声污染问题现在已经成为当今社会的一大公害,严重威胁着人类的健康。噪声污染与水污染、大气污染被称作是全球三个主要环境污染问题。特别是随着城市化的进一步推进,城市噪声污染问题日益严重。世界上很多国家和地区已经开始高度重视噪声污染的防控和治理。

4.1.1　噪声

声音是我们生存的必要条件,声音可以帮助人们交流信息、认识事物等。有些声音对人体有害或者是多余的,称为噪声。一切可听的声音都有可能成为噪声,但是否成为噪声还与许多条件和因素有关,不仅与声音本身的基本特性(如波长、频率和声级等)有关,还与人的心理和生理状态有关。噪声和非噪声的区别不仅在于其本身特性,还在于接受对象的状态。

4.1.2　噪声污染及其特性

由噪声造成的环境污染称为噪声污染。其具有的特性如下:

(1)噪声污染属于物理性污染,这种污染一般是局部性的,不会造成区域性或全球性污染。

(2)噪声污染一般没有残余污染物,噪声污染源一旦消除,污染问题就得到彻底解决了。

(3)噪声污染容易被人们忽视,尽管噪声污染会对人体健康有不良影响,但大部分时候都是采取置之不理或忍耐处理的方式。

4.1.3　噪声危害

(1)听力损害

①暂时性听阈迁移:当人耳短时间暴露在噪声环境中时,会引起听觉疲劳,但听

觉器官尚未发生器质性病变。随着噪声的消除,听觉疲劳也会逐渐消失,最终恢复到正常听力状态。

②永久性听阈迁移:也称作噪声性耳聋,是指人耳长期暴露在强噪声环境中,听觉经过噪声不断的反复刺激,听阈迁移由暂时性迁移逐渐演变成为永久性迁移,听觉恢复正常将越来越难,死亡的听觉细胞也无法再生,最终造成永久性耳聋。一般用听力的损失量来衡量耳聋的轻重,听力损失与耳聋程度对应情况如表 4-1 所示。

表 4-1　听力损失与耳聋程度对应表

听力损失	耳聋程度
20 dB	耳聋的基准
20～40 dB	轻度耳聋
40～55 dB	中度耳聋
55～70 dB	显著耳聋
70～90 dB	重度耳聋
>90 dB	极端聋

（2）诱发疾病

诱发疾病是噪声污染的另一个重大危害。噪声作用于人体中枢神经系统后,大脑皮层的兴奋和抑制平衡会失调、条件反射会发生异常,会产生疲劳、头昏脑涨、记忆力减退、肠胃功能紊乱等症状,严重时会诱发冠心病、胃溃疡和动脉硬化等疾病。

（3）影响生活

噪声会影响人们学习、工作、睡眠及语言交流的效率和效果,严重时会使得这些活动无法进行,影响正常生活。

4.1.4　噪声分类

自然界和人类活动都能产生声音,虽然自然界的声音在特定情况下也可能成为噪声,但噪声通常主要还是由人类的生产生活活动产生的,称为人为噪声。交通噪声、工业噪声、建筑施工噪声等都是人为噪声。交通噪声是由交通车辆产生的,如发动机轰鸣声、喇叭声等;工业噪声是由设备的振动、摩擦、排气等产生;建筑施工噪声是由各种施工机械设备产生的,如撞击声、钻击声、搅拌声等。人们的社会活动与生活也可以产生噪声,如电影院、音乐会、KTV 等;某些家用电器设备发声因为影响人们的休息、学习和工作也会成为噪声,如空调、电话、电风扇、洗衣机、电视等。

噪声按发声机理可分为机械噪声、空气动力噪声和电磁噪声三类。机械噪声是机械部件在撞击力、非平衡力作用下产生的固体振动而产生一类噪声;空气动力噪声是高速或高压气流与周围介质发生剧烈混合而产生的一类噪声;电磁噪声是电磁场的交替变化引起机械部件或空间容积振动而产生的一类噪声,如电动机、日光灯整流器、变压器等能产生电磁噪声。在三类噪声中最常见是机械振动噪声,其次为空气动力噪声,电磁噪声相对较少。部分工业设备噪声范围见表4-2。

表 4-2　部分工业设备噪声范围

设备	声级范围(dB)
飞机发动机	107~140
织布机	96~130
鼓风机	80~126
蒸汽锤	86~113
空压机	73~116
发电机	71~106
水泵	89~103
卷扬机	80~90

噪声按频率高低可分为低频噪声($f<500$ Hz)、中频噪声($f=500\sim1000$ Hz)和高频噪声($f>1$ kHz)三类。噪声对人体的危害与噪声频率有很大关系,其中可听声(频率范围:20~2000 Hz)的危害最大,是噪声污染控制的主要对象。

4.1.5　噪声测量

声级计又称分贝仪、噪音计、声压计等,是测量噪声的主要仪器,主要用于测量声压大小(单位为分贝)。声级计一般由电容式传声器、前置放大器、衰减器、放大器、频率计权网络以及有效值显示器等组成。

声级计测量噪声的基本原理如下:

由传声器将声音转换成电信号,再由前置放大器变换阻抗,使传声器与衰减器匹配,放大器将输出信号加到计权网络,对信号进行频率计权(或外接滤波器),然后再经衰减器及放大器将信号放大到一定的幅值,送到有效值检波器(或外接电平记录仪),在显示器上显示出噪声声级的数值。

(1)传声器

是把声压信号转变为电压信号的装置,俗称话筒,它是声级计的传感器。常见的传声器有晶体式、驻极体式、动圈式和电容式等多种样式。

(2)放大器

一般采用两级放大器,即输入放大器和输出放大器,其作用是将微弱的电信号放大。输入衰减器和输出衰减器是用来改变输入信号的衰减量和输出信号衰减量的。输入放大器使用的衰减器调节范围为测量低端,输出放大器使用的衰减器调节范围为测量高端。许多声级计的高低端以 70 dB 为界限。

(3)计权网络

为了模拟人耳听觉在不同频率有不同的灵敏性,在声级计内设有一种能够模拟人耳的听觉特性,把电信号修正为与人体听感近似值的网络,这种网络叫作计权网络。通过计权网络测得的声压级,已不再是客观物理量的声压级(叫线性声压级),而是经过听感修正的声压级,叫作计权声级或噪声级。

(4)检波器和显示器

检波器作用是把迅速变化的电压信号转变成变化较慢的直流电压信号。这个直流电压的大小要正比于输入信号的大小。根据测量的需要,检波器分为峰值检波器、平均值检波器和均方根值检波器。峰值检波器能给出一定时间间隔中的最大值,平均值检波器能在一定时间间隔中测量其绝对平均值。除脉冲声需要测量它的峰值外,在多数的噪声测量中均是采用均方根值检波器。

根据噪声的声级范围,普通声级计的频率特性有 A、B、C 三档,分别称为 A 声级、B 声级和 C 声级,测定噪声声级分别以 dB(A)、dB(B)和 dB(C)表示。

4.1.6　噪声评价

客观物理量不能反映人耳的真实感觉(声压级、声强、声功率只是物理量)。噪声评价的目的是提出适合人们对噪声反应的主观评价量,对噪声不同强度、频谱特征、时间特性等所产生的危害和干扰程度进行研究。

噪声评价是环境治理与建设规划的重要依据,噪声评价与噪声评价标准以及测量方法密切相关。噪声评价标准有:环境噪声标准、工业企业噪声卫生标准、工业企业噪声控制设计标准、机动车辆允许噪声标准、建筑施工场界噪声标准、机械产品噪声标准等[1]。城市和室内噪声标准分别见表 4-3、表 4-4。

表 4-3　城市区域环境噪声标准[2]

类别	区域性质	昼间	夜间
0	疗养区、高级别墅区、高级宾馆等特别需要安静的地方	50 dB	40 dB
1	居住区、以文教机关为主的区域,乡村居住可以参照	55 dB	45 dB
2	居住、商业和工业混杂区	60 dB	50 dB
3	工业区	65 dB	55 dB
4	城市交通干线两侧及穿越城区的内河航道两侧区域等	70 dB	55 dB

表 4-4　室内允许噪声标准

房间名称	时段	一级	二级	三级
卧室	白天	≤40 dB	≤45 dB	≤50 dB
	晚上	≤30 dB	≤35 dB	≤40 dB
起居室	白天	≤45 dB	≤50 dB	≤50 dB
	晚上	≤35 dB	≤40 dB	≤40 dB

4.1.7　降噪技术

噪声治理应从噪声的产生源入手,也就是在噪声产生之前采取多种措施防止噪声的产生;噪声产生之后首先要在声源处降低噪声;在有人活动的地方进行隔声降噪,减轻噪声的危害。隔声降噪技术分为吸声、隔声和消声三种类型,其适用的场合有所不同[3]。

(1)吸声

未做任何声学处理的墙壁、门窗、地板等与空气的特性阻抗相差很大,会造成声波的强烈反射,声波的一次及多次反射和叠加构成混响声。人们在某空间内实际听到的声音既有直达声又有混响声,声波的反射和叠加增加了噪声的声级与危害程度。采用能够吸收声能的材料或结构可以吸收声能,减弱反射声,达到吸收降噪的效果。

吸声主要用于降低空间大、混响时间长的室内噪声,改善室内音质,或与消音、隔音结合起来共同隔声降噪。

吸声的主要优点是效果稳定,对机械设备的操作与维修等均无影响。吸声降噪措施一般情况下可以降噪 3~5 dB,对于混响严重的车间可以降噪 6~10 dB。

(2)隔声

隔声是指使用构件将噪声和接受者分开,阻断空气中声波的传播,从而达到降噪目的的措施。

声波在通过空气的传播途径中,碰到匀质屏蔽物时,由于分界面特性阻抗的改变,使得部分声能被屏蔽物反射回去,部分被屏蔽物吸收,还有一部分可以透过屏蔽物传播到另一空间去,从而降低了噪声的能量。隔声的效果可以用透声系数和隔声量来表示,具有隔声效果的物质称为隔声材料或构件。

(3)消声

消声器主要用于降低空气动力性噪声,可以安装在进气、排气干道上,常用于鼓风机、空压机等流量大、气压高的噪声源设备的消声降噪,一般可以降噪 20~40 dB(A)。

消声器主要有阻性消声器、抗性消声器、扩散消声器等类型,主要靠管道、腔室和微孔等起消声作用。在实际应用中,还可以将它们组合构建成复合式消声器,以提高消声效果。

对消声器的基本要求:对所要求的频带范围噪声具有足够大的消声量;良好的空气动力性能,阻力较小,空间位置合理,不影响气动设备的正常工作,重量轻,体积小,结构简单,便于制作、安装和维修,制作成本低,耐用。

4.2　噪声污染案例

4.2.1　电梯噪声污染

2014 年 2 月,袁科威委托中国科学院广州化学研究所测试分析中心对其居住的房屋进行环境质量监测。该中心作出的环境监测报告显示袁科威卧室夜间的噪声值超过了《民用建筑隔声设计规范》(GB 50118—2010)规定的噪声最高限值标准。袁科威认为住宅电梯临近其房屋,电梯设备直接设置在与其住房客厅共用墙之上,且未作任何隔音处理,致使电梯存在噪声污染。向法院提起诉讼,要求判令嘉富公司承担侵权责任。嘉富公司主张涉案电梯质量合格,住宅设计和电梯设计、电梯安装均符合国家规定并经政府部门验收合格,故其不应承担侵权责任。

广东省广州市越秀区人民法院一审认为,嘉富公司主张涉案电梯在设计、建筑、安装均符合国家相关部门的规定并经验收合格才投入使用,且电梯每年均进行年检并达标,但这只能证明电梯能够安全运行。袁科威购买的房屋经监测噪声值超过国家规定标准,构成了噪声污染。嘉富公司提供的证据不足以证明其对涉案房屋超标噪声不承担责任或者存在减轻责任的情形。一审法院判令嘉富公司 60 日内对涉案电梯采取相应的隔声降噪措施,使袁科威居住的房屋的噪声达到《民用建筑隔声设计规范》规定的噪声最高限值以下;逾期未达标准,按每日 100 元对袁科威进行补偿;支付袁科威精神抚慰金 1 万元。广东省广州市中级人民法院二审维持了一审判决。

电梯是民用建筑的一部分,电梯的设计、建设与安装均应当接受《民用建筑隔声设计规范》的调整。经过监测,涉案电梯的噪声值已经超过国家标准,构成噪声污染。根据《侵权责任法》第六十六条规定,嘉富公司要对其行为与损害不存在因果关系或者减轻责任的情形承担举证证明责任。在嘉富公司未能提供证据证明袁科威对涉案电梯噪声超标存在过错或故意,亦不能证明噪声超标系第三人、不可抗力、正当防卫或紧急避险等原因造成,其不存在法律规定的不承担责任或者减轻责任的情形,应承担相应的侵权责任。本案的审理结果具有很好的警示作用,尤其是生产经营者要在机械设备的设计、建造、安装及日常运营过程中,关注噪声是否达标,自觉承担应有的环境保护社会责任。

4.2.2　噪声致耳聋

李某在钢厂工作 9 年,因工作现场噪音大,致使他的听力受损,造成了噪声性耳聋,最终转变成了神经性耳聋。

噪声对人的听力影响大致可分为两种情况:一种情况是在噪声环境下出现的听力疲劳,即听觉受强噪声的损害,当离开噪声环境,在安静的地方耳朵里仍嗡嗡作响,即耳鸣。耳鸣反过来掩盖听力,此时如果互相交谈,则听不清说话声。待过一段时间后,耳鸣消失,听力即能恢复,这就是听力疲劳现象。听力疲劳是一种暂时性的病理生理现象,听神经细胞并未受到实质性损害。另一种情况是长时间在强烈的噪声环境下工作,听神经细胞在噪声的刺激下,发生病理性损害及退行性变,就使暂时性听力下降变为永久性听力下降,称作噪声性耳聋。

噪声性耳聋进展缓慢,在耳聋的初期很少有人自己能感到耳聋,而是在耳聋发展到晚期,直到听说话都感到困难时才发现自己耳朵聋了。这是因为,噪声引起的耳聋一开始是损伤听觉器官的高频听力区,即 4000 Hz 以上,再进一步损伤 3000 Hz 的听力区,接着是 2000 Hz,到晚期损伤 2000 Hz 以下的低频区。而人们平时说话产生的声音频率范围正是在 1000～2000 Hz 的低频区。

观察对象、听力损伤及噪声聋者,应加强个人听力防护。其他症状者可进行对症治疗。听力损伤者听力下降 56 dB 以上,应佩戴助听器。对观察对象和轻度听力损伤者,应加强防护措施,一般不需要调离噪声作业环境。对中度听力损伤者,可考虑安排对听力要求不高的工作,对重度听力损伤及噪声聋者应调离噪声环境。对噪声敏感者(即在噪声环境下作业一年内,观察对象听力损失达Ⅲ级及Ⅲ级以上者)应该考虑调离噪声作业环境。

科学研究发现,噪声可刺激神经系统,使之产生抑制,长期在噪声环境下工作的人,还会引起神经衰弱症候群(如头痛、头晕、耳鸣、记忆力衰退、视力降低等)。有害于人的心血管系统、我国对城市噪声与居民健康的调查表明:地区的噪声每上升 1 dB,高血压发病率就增加 3%。同时还影响人的神经系统,使人急躁、易怒、影响睡眠、造成疲倦。噪声对睡眠的危害:突然的噪声在 40 dB 时,可使 10% 的人惊醒,达到 60 dB 时,可使 70% 的人惊醒。

因此,工人生产作业环境应当消除噪声源或尽可能降低噪声强度。可根据具体情况采取不同的措施,控制和消除噪声源,同时采取吸声、消声、隔声和隔振等措施,控制噪声的传播和反射。

对生产场所的噪声还得不到有效的控制或必须在特殊高强度噪声环境下工作时,应佩戴符合卫生标准的个人防护用品,这是一项有效的预防措施。其主要是戴用耳塞、耳罩,目前较为流行使用的是一种慢回弹泡沫塑料耳塞,这种耳塞具有隔声值高、佩戴舒适方便等优点。

4.2.3　建筑施工噪声污染

某小区进行建筑施工,居民们不堪忍受周围建筑施工噪声,向环保部门投诉。环保部门接到投诉后,进行了实地勘察和监测。经查明,该工程是由某建筑公司承建的。该建筑公司在开工前,未向该市环境保护行政主管部门进行申报。

环保部门到工地查处时,发现工地正在夜间施工,对此该建筑公司负责人申辩:

他们并未在夜间大规模施工,只是混凝土浇筑因工艺的特殊需要,开始之后就无法中止,即便是夜间也不能停工。但是该建筑公司并没有办理相关的夜间开工手续。经环保部门监测,该工地昼间噪声为 70 dB,夜间噪声为 54 dB,未超过国家规定的建筑施工噪声源的噪声排放标准。于是环保部门进行了调解,并对该建筑公司未依法进行申报和办理夜间开工手续作出处罚。

但是,建筑工地的噪声污染并没有得到改善,广大居民依然处于噪声污染之中。在向律师事务所咨询以后,部分居民以相邻权受到侵害为由向人民法院提起诉讼,要求法院判令被告停止噪声污染,赔偿损失。

人民法院受理后,经过法庭调查认定,某建筑公司排放的噪声尽管符合国家规定的建筑施工噪声源的噪声排放标准,但超过城市区域环境噪声标准中规定的区域标准限值,在事实上构成环境噪声污染,侵害了原告的相邻权。根据《民法通则》第八十三条的规定,判决被告采取措施,消除噪声污染,赔偿原告精神损失 200 元。

4.3　噪声污染实验

4.3.1　环境噪声测量实验

4.3.1.1　实验目的

(1)了解环境噪声测量技术。

你生活受到噪声的困扰吗? 你知道怎么测量噪声吗?

(2)了解声级计的基本原理、使用方法和使用注意事项。

(3)认识噪声强弱对人主观感知上的影响。

(4)学会明确噪声污染源,提出适当的防护措施来减少噪声对人体的危害。

4.3.1.2　实验仪器及材料

(1)声级计　　　　　　　　　　　　　　3 台

(2)噪声测量软件(手机版)　　　　　　1 个

(3)声音模拟器软件(手机版)　　　　　1 个

(4)音响系统　　　　　　　　　　　　　1 套

4.3.1.3　实验原理

噪声级为 30～40 dB 是比较安静的正常环境;超过 50 dB 就会影响睡眠和休息;70 dB 以上干扰谈话,造成心烦意乱,精神不集中,影响工作效率,甚至发生事故;长期工作或生活在 90 dB 以上的环境,会严重影响听力并会导致疾病的发生。

该实验遵循《声环境质量标准》(GB 3096—2008)。

（1）声级计工作原理与操作

声级计可以测出噪声的声压大小及不同频率对应的声压的大小，是测量环境噪声的较好的工具。以杭州爱华仪器有限公司生产的 AWA5636 型声级计为例简要介绍一下声级计基本情况。

AWA5636 型声级计是一种数字化、模块化多功能声级计。此仪器采用了最新数字信号处理芯片及先进的数字检波技术，具有可靠性高、稳定性好、动态范围宽、无需量程转换等优点。可广泛应用于各种机器、车辆、船舶、电器等工业噪声测量，也可用于环境噪声、劳动保护、工业卫生的噪声测量[4]。

①主要特点

a.数字信号处理技术，动态范围大，无需量程转换。

b.模块化设计，按需选取，性价比高。

c.宽温设计，适用范围更广。

d.符合 GB/T 3785—2010（IEC 61672:2002）2 级。

②基本操作

每次开机后仪器的频率计权为 A 计权，时间计权为 F 计权。

a.A 计权声压级测量

将声级计头部传声器指向被测声源，尽量使声波从声级计的参考方向入射到传声器。为减少人体对测量的影响，应使人尽量远离声级计，必要时可以加延伸电缆，它可以减少人体以及声级计外壳对测量的影响。打开电源后，仪器稳定几秒后，显示器上显示出的数据就是 A 计权声压级。

b.C 计权声压级测量

用光标键将光标移到"A"上，按参数加或减键，可以将"A"改为"C"，稳定几秒后，仪器显示出的数值就是 C 计权声压级。时间计权的选择一般测量采用"F"（快）。如果读数变化较大，可采用"S"（慢）时间计权。用光标键将光标移到"F"上，按参数加或减键，可以将"F"改为"S"，仪器的时间计权就改为 S（慢）档了。

c.最大声级（L_{max}）的测量与取消

按确认键，仪器显示器右下方显示出"MAX."，此时只有当声压级变大时显示才会刷新。再按确认键，仪器显示器右下方的"MAX."消失，仪器显示数值又可根据外部噪声的大小变化了。

（2）噪声测量软件（手机版）

噪声测量软件（手机版）也能相对精确地测量出环境噪声，安装到手机端后，可以方便学生随时随地测量噪声和对噪声进行检测。以爱华噪声测量软件（手机版）为例简要介绍一下手机版噪声测量软件。

①软件简介

爱华噪声测量软件（手机版）是杭州爱华仪器有限公司开发的一款免费的安装在

手机或平板电脑上的声级测量、噪声频谱分析软件。可利用手机或平板电脑内置的
MIC 对噪声进行声级测量、频谱分析,从而获取所处环境的噪声声级和频谱分析。

由于手机和平板电脑自身硬件设备的限制,只能使用声级计进行比较校准,所测
结果仅供参考。如果需要精确测量还应使用专业声学测量仪器。

②软件的主要功能

a.噪声声级测量:同时测量并显示 A 声级、C 声级、Z 声级;

b.噪声频谱分析:FFT、倍频程、1/3 倍频程、1/6 倍频程、1/12 倍频程频谱分析;

c.噪声频谱分析可以显示为直方图,也可列表显示,并可加上频率计权;

d.直方图频谱图同时用不同颜色显示最大值、最小值和瞬时值,还可记忆三条
频谱曲线;

e.根据 GB 3096《声环境质量标准》,设置不同功能区,自动显示该类功能区的噪
声允许值,在测量值超标时,示值颜色自动改变。

(3)声音模拟器软件(手机版)

声音模拟器软件(手机版)可以模拟不同频率的声音,配合音响系统可以让学生
在实验室就能体验到各种频率的噪声。

4.3.1.4　实验内容

(1)在实验室内声音模拟器软件(手机版)配合音响系统模拟出各种不同频率的
声音,用声级计实时监测调节音量的大小,让学生体验不同频率、不同声强的声音带
来的体验。完成实验数据表 4-5。

(2)模拟几种声强的噪声用测量软件(手机版)和声级计同时进行测量,将测量结
果填入表 4-6。

(3)课下完成测量作业,将测量结果填入表中,并分析找出主要噪声源,完成表
4-7。

4.3.1.5　实验安全要点

(1)测量噪声源时注意自身防护,防止长时间暴露于噪声环境中。

(2)学生需要在实验前认真预习,完成预习报告,了解一定的相关知识,在老师的
监督下进行测量实验。

(3)课后完成实验报告要求的测量内容时,一定要在保证自身安全的情况下进行
测量,最好多个同学组成一组共同完成测量。

4.3.1.6　实验报告

(1)将学生体验噪声时的主观满意度情况填入表 4-5。

表 4-5　主观满意度记录表

声强 满意度 频率	30 dB	40 dB	50 dB	60 dB	70 dB	80 dB	90 dB	100 dB
100 Hz								
500 Hz								
1000 Hz								
2000 Hz								
3000 Hz								
4000 Hz								
5000 Hz								
7000 Hz								
9000 Hz								

（2）将用测量软件（手机版）和声级计同时进行测量得到的结果填入表 4-6。

表 4-6　测量结果对比表

	30 dB	50 dB	70 dB	90 dB	110 dB
声级计测量值					
测量软件测量值					
误差					

（3）将课下用测量软件（手机版）测量的结果和分析得到的噪声源填入表 4-7。

表 4-7　课下测量结果表

地点	噪声测量值	主要噪声源	地点	噪声测量值	主要噪声源
地铁站			教室		
公交车站			食堂		
宿舍房间内			自习室		
宿舍窗口			操场		
宿舍走廊			体育馆		

4.3.1.7　学生自评与教师评价

(1)学生自评

实验时间:＿＿＿＿＿＿＿　　　　　　　姓名:＿＿＿＿＿＿

实验地点:＿＿＿＿＿＿　　　　　　　　学号:＿＿＿＿＿＿

学生自评:

学生签字:

日期:

(2)教师评价

分项	实验预习	实验操作	实验报告	实验自评	实验总评
成绩					
教师签字					

注:总评成绩＝实验预习成绩×30％＋实验操作成绩×30％＋实验报告成绩×30％＋实验自评成绩×10％,成绩为百分制。

教师评语:

教师签字:

日期:

4.3.2 隔音材料性能测量实验

4.3.2.1 实验目的

(1)了解隔音降噪技术。

(2)熟悉声级计的使用。

(3)锻炼动手实践能力。

(4)学会通过实验评价隔音材料的隔音性能。

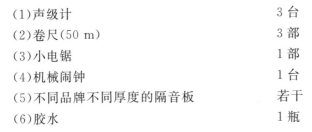

隔音材料的隔音
效果怎样呢?

4.3.2.2 实验仪器及材料

(1)声级计	3台
(2)卷尺(50 m)	3部
(3)小电锯	1部
(4)机械闹钟	1台
(5)不同品牌不同厚度的隔音板	若干
(6)胶水	1瓶

4.3.2.3 实验内容

(1)制作隔音盒

将同一品牌同一厚度的隔音板用小电锯切割成 20 cm×20 cm 的正方形板 2 块、20 cm×25 cm 长方形板 2 块、25 cm×25 cm 正方形板 2 块。将 2 块 20 cm×20 cm 正方形板、2 块 20 cm×25 cm 长方形板和 1 块 25 cm×25 cm 正方形板用胶水粘合成容积为 20 cm×20 cm×20 cm 的隔音盒,另外一块 25 cm×25 cm 板作为盒盖。

将不同品牌不同厚度的隔音板均按照上述方法制成隔音盒并编号待用。编号规则如下:

用 A 品牌 1 cm 厚度的隔音板制作的隔音盒编号为 A1,用 B 品牌 1.5 cm 厚度的隔音板制作的隔音盒编号为 B1.5,以此类推。

(2)测量步骤

①将机械闹钟上满发条并启动闹铃,分别测量距离闹钟 1 m、3 m、5 m、10 m、20 m、30 m、40 m、50 m 处的声强,将测量结果填入实验记录表中。

②将正在响铃的机械闹钟放入某品牌某厚度的待测隔音盒中,并盖好盖子;分别测量距离闹钟 1 m、3 m、5 m、10 m、20 m、30 m、40 m、50 m 处的声强,将测量结果填入实验记录表中。

③重复实验步骤②,分别测量同一品牌不同厚度隔音板制作而成的隔音盒的隔音性能。

④参照上述实验步骤,分别测量不同品牌不同厚度隔音板制作而成的隔音盒的

隔音性能。

4.3.2.4 实验安全要点

(1)使用小电锯切割隔音板时注意安全,防止受伤。

(2)学生需要在实验前认真预习,完成预习报告,了解一定的相关知识,并在老师的监督下进行实验。

4.3.2.5 实验报告

(1)将无隔音材料时测得的实验结果填入表 4-8 中,并根据测量结果画出声强衰减曲线。

表 4-8 无隔音材料时测量结果记录表

距离	1 m	3 m	5 m	10 m	20 m	30 m	40 m	50 m
声强(dB)								

(2)将 A 品牌不同厚度隔音材料制成的隔音盒的测量结果填入表 4-9 中,将表 4-8 和表 4-9 的数据在同一坐标纸上画出声强衰减曲线,并通过分析曲线的特点来评价这种品牌隔音材料的性能。

表 4-9 A 隔音盒的测量结果记录表

厚度 / 声强(dB) / 距离	1 m	3 m	5 m	10 m	20 m	30 m	40 m	50 m
1 cm								
1.5 cm								
2 cm								
……								

(3)将距由不同品牌相同厚度(1 cm 厚)的隔音板制成的隔音盒 1 m 处测得的声强结果填入表 4-10,并比较不同品牌隔音材料隔音性能的差异。

表 4-10　不同材料隔音盒的隔音性能记录表

品牌	A	B	C	D	……
声强(dB)					

4.3.2.6　学生自评与教师评价

（1）学生自评

实验时间：＿＿＿＿＿＿＿＿　　　　　　　姓名：＿＿＿＿＿＿＿＿

实验地点：＿＿＿＿＿＿＿＿　　　　　　　学号：＿＿＿＿＿＿＿＿

学生自评：

学生签字：

日期：

（2）教师评价

分项	实验预习	实验操作	实验报告	实验自评	实验总评
成绩					
教师签字					

注：总评成绩＝实验预习成绩×30％＋实验操作成绩×30％＋实验报告成绩×30％＋实验自评成绩×10％,成绩为百分制。

教师评语：

教师签字：

日期：

思考题

1. 什么是噪声？噪声是怎么产生的？
2. 什么是噪声污染？有哪些特性？
3. 噪声有哪些危害？
4. 简述声级计测量噪声的基本原理。
5. 怎么进行噪声评价？
6. 简述常见的降噪技术。

生活小贴士：怎么选隔音耳塞

隔音耳塞的主要目的是防止噪音干扰，为实现更好的隔音效果，我们应针对不同的噪音选择不同的耳塞。

1. 睡眠耳塞：睡眠耳塞是在睡觉的时候戴的耳塞，可整晚佩戴。
2. 学生耳塞：学生耳塞可以在舍友打呼噜或自习室有同学说话的时候佩戴。
3. 交通耳塞：交通耳塞是在乘坐交通工具的时候佩戴。
4. 生活耳塞：生活耳塞可以在商场或超市等人员密集场所佩戴。
5. 施工耳塞：施工耳塞是指在施工现场时佩戴的耳塞。
6. 耳病耳塞：耳病耳塞是专为有耳病的人特制的耳塞，佩戴时要遵医嘱。

本章参考文献

[1] 朱蓓丽. 环境工程概论(第四版)[M]. 北京：科学出版社，2016：236-237.
[2] 中华人民共和国环境保护部，中华人民共和国国家质量监督检验检疫总局. 声环境质量标准：GB 3096—2008[S]. 北京：中国环境科学出版社，2008：3.
[3] 王罗春，周振，赵由才. 噪声与电磁辐射——隐形的危害[M]. 北京：冶金工业出版社，2011：40-43.
[4] 爱华 AWA5636 型声级计使用说明书.

第5章　电磁辐射认知与实验

5.1　电磁辐射基础知识

随着科学的进步,技术的发展,现如今人们已经生活在一个充满复杂人造电磁辐射的环境里。各种无线电设备随处可见,五花八门的家用电器普遍使用,大量的电气设备在我们周边铺设,电磁辐射已经成为继大气污染、水污染和噪声污染之后威胁人类健康的第四大污染。在人们十分关注身体健康的今天,电磁辐射作为影响人身体健康一个常见因素受到越来越多的重视。我们要理性地看待电磁辐射,不能"谈辐射色变",更不能对辐射不理不顾。为了帮助大家更好地学习电磁辐射基础理论,我们先提出以下几个问题:

(1)电磁辐射是怎么产生的?

(2)每天生活的环境中到底有多少电磁辐射?

(3)怎么判断电磁辐射是否符合国家标准?

(4)电磁辐射会对人身体造成哪些危害?

(5)怎样减轻电磁辐射伤害?

(6)怎样有效地防电磁辐射?

围绕以上几个问题,我们来比较系统地阐述电磁辐射基础理论,旨在让没有工科知识背景的读者也能较好地理解和应用电磁辐射知识。

5.1.1　电磁辐射定义、单位及来源

(1)电磁辐射的定义

电磁辐射(electromagnetic radiation)是指能量以电磁波的形式由源发射到空间的现象,是能量释放的一种形式。

(2)电磁辐射的单位

电磁辐射强度是衡量电磁辐射能量大小的物理量。大于 300 MHz 的电磁辐射,一般采用平均功率密度 mW/cm² 作为计量单位;小于 300 MHz 的电磁辐射,可以采用电场强度 V/m 和磁场强度 A/m 作为计量单位。实际测量中,也可以用磁感应强度高斯(Gs)或者特斯拉(T)来表示(注:1 T＝10000 Gs)。在进行电磁环境测量时,

干扰场强的国家计量标准采用单位为 mV/m。

(3)人造电磁辐射主要来源

为直观清晰起见,我们将人造电磁辐射的主要来源以表格的形式列出,见表 5-1。

表 5-1　人造电磁辐射的主要来源列表

类别	实例
无线电发射台	雷达系统、广播发射台、电视发射台、手机信号基站等
工频强电系统	变配电站、高压输变电线路等
工业、科学研究和医疗射频设备	电子仪器、医疗设备、激光照拍设备和办公自动化设备(如打印机、复印机、传真机)等
家用电器和电子设备	微波炉、电磁炉、电冰箱、空调、电热毯、电视机、录像机、笔记本电脑、台式电脑、手机、电吹风、甩脂机、跑步机、加湿器、剃须刀等

5.1.2　电磁辐射伤害人体机理

电磁辐射对人体的伤害机理主要包括热效应、非热效应和累积效应[1]。

(1)热效应

人体 70%以上都是由水构成的,水分子是一种极性分子(内部的正负电荷中心不重合),这种极性的水分子在接受电磁辐射后,会随着电磁场极性的变化快速重新排列,从而导致分子间剧烈的撞击和摩擦而产生大量的热量,使机体升温。

当电磁辐射的强度超过一定限度时,将会使人体体温或局部组织温度急剧升高,破坏热平衡从而危害人体健康。随着电磁辐射强度的不断提高,对人体呈现出的不良影响也逐渐突出。由热效应引起的机体升温,对人体部分系统产生的影响如表5-2所示。

表 5-2　电磁辐射热效应对人体部分系统产生的影响

人体系统名称	电磁辐射热效应产生的影响
心血管系统	心悸、头胀、失眠、经期紊乱、心动过缓、心搏血量减少、窦性心律不齐、心脏细胞病变、白细胞减少、免疫功能下降等
视觉系统	视力下降,会引起白内障等视觉系统病变
生育系统	性功能降低、男子精子质量降低或畸形等

(2)非热效应

人体的器官和组织都存在稳定有序的微弱电磁场,一旦受到外界低频电磁辐射的长期影响,处于平衡状态的微弱电磁场就会遭到破坏。低频电磁辐射作用于人体后,体温并不会明显增高,但会干扰人体的固有微弱电磁场,使血液、淋巴和细胞原生质发生改变,造成细胞内的脱氧核糖核酸受损和遗传基因发生突变,进而诱发白血病和肿瘤,还会引起胚胎染色体改变,并导致婴儿的畸形或孕妇的自然流产。电磁辐射作用于神经系统,影响新陈代谢及脑电流,使人的行为及相关器官发生变化,继而影响人体的循环系统、免疫及生殖和代谢功能,严重的甚至会诱发癌症。

（3）累积效应

热效应和非热效应作用于人体后,人体对其伤害尚未来得及自我修复之前,再次受到电磁辐射的话,其伤害程度就会发生累积,久之会成为永久性病态,甚至有可能危及生命。对于长期接触电磁辐射的群体,即使受到的电磁辐射强度较小,但由于接触时间很长,也可能会诱发各种病变,应引起警惕。

多种频率电磁波特别是高频波和较强的电磁场作用人体的直接后果是在不知不觉中导致人的精力和体力减退,甚至导致人类免疫机能降低。

5.1.3　常用电子设备的电磁辐射危害

为了加深对电磁辐射危害的认识,我们列出了生活中几种常用电子设备的电磁辐射危害[2],如表 5-3 所示。

表 5-3　几种常用电子设备的电磁辐射危害

设备	特点	电磁辐射危害
电脑	使用频率高、应用范围广	常用电脑容易感到眼睛疲劳、肩酸腰痛、头痛和食欲不振等不适,还会导致自律神经失调、抑郁症、动脉硬化性精神病、青光眼、白血病、乳腺癌等病
手机	紧贴于头部使用,使大脑处于近区电磁辐射场中	手机可产生高频电磁辐射,这种辐射对人体的影响主要以"热效应"形式来体现,即人体吸收了手机辐射的电磁波,会使局部组织升温,造成病变,破坏人体生物性
电磁炉	近区电场强度可达 kV/m,近区磁场强度可达百微特斯拉	电磁炉在工作时会产生极低频电场与磁场,对一定范围内的环境会构成电磁污染。世界卫生组织把这类极低频电磁场作为可疑致癌物,与苯烯、电焊烟雾同属一类致癌物。
充电器	有很高的磁场,可达 300 mG 以上	充电器的电磁辐射具有很强的隐蔽性,很容易被人们忽视,并且离人们的生活很近,严重危害人们的身体健康
微波炉	产生高频电磁波,波谱介于超短波和红外线之间,穿透力强	微波炉在正确操作使用下,对人体不会有直接影响,但微波泄漏会伤害身体。一般轻微情形,只要避免接触,被伤害的组织就能逐渐恢复正常,孕妇和小孩应远离微波炉
电吹风	电吹风是一种可产生很强电磁辐射的常用电子设备	电吹风特别是在开启和关闭时电磁辐射最大,且功率越大电磁辐射也就越大。由于人们在日常生活中使用电吹风的频率很高,而且离头部距离很近,所以造成的危害较大
打印、复印机	在使用过程中会产生臭氧、粉尘、噪声以及电磁干扰等	打印机、复印机等办公设备在高温工作时会散发出臭氧离子,它是一种强氧化剂,容易引发上呼吸道感染。办公设备产生的电磁辐射危害也不容小觑
电取暖设备	功率大,能产生较大电磁辐射	电热毯和取暖器等电热设备和人体有着亲密的接触,因此都要做好相应的防护措施

5.1.4　家用电器电磁辐射强度星级分类

可以将电磁辐射强度由强到弱按星级分为五类,凡是被评为五星的,都属于严重超标,要引起高度重视;三星以上也属于超标范围,也要引起注意;一星是安全的。

为了方便分类,我们将家用电器电磁辐射强度星级分类以表 5-4 的形式列出。

表 5-4　家用电器电磁辐射强度星级分类表

星级	家用电器	特点及注意事项
一星级家电 ★☆☆☆☆	液晶产品	液晶产品辐射较小,可以放心使用
	笔记本电脑	辐射集中在键盘上方,还应与电源适配器保持距离
	空调	辐射低,但紧挨着辐射会比较大,同时要考虑到隔壁和楼下空调机的影响
	电冰箱	不要放在卧室和婴儿床旁边
	臭氧消毒柜	使用时注意保持室内通风
	电饭煲	辐射较小,但应尽量放在远离儿童的地方
二星级家电 ★★☆☆☆	抽油烟机	注意使用时不要贴太近,保持一定距离
	电饼铛	开启电源后最好远离电饼铛
	跑步机	每天使用时间不宜过长
三星级家电 ★★★☆☆	等离子电视	辐射较小,建议使用时间不宜过长
	台式电脑主机	主机的后、侧面辐射较大,建议不要敞开机箱使用
	无线鼠标键盘	在发射和接收操作信号的时候都会产生电磁辐射
	电热足浴盆	使用时间最好控制在 15 分钟以内
	空气净化器	最好待空气净化好以后再进入房间
四星级家电 ★★★★☆	高功率设备	连接时的瞬间辐射很大,不要放在床头
	电吹风	辐射很大,开启和关闭时,与头部保持距离。使用时将电吹风与头部保持垂直,不要连续长时间使用
	CRT 电视, 即普通电视	背部辐射较大,保持 3 m 距离,看电视不连续超过两小时,看完后洗脸以清理面部皮肤吸收的辐射物质
	家庭影院	通常指影碟机加音响系统,尽量少用
	低音炮音箱	使用时至少保持半米距离,不放在靠近人脑的位置
	电暖气	辐射较大,使用时保持一定安全距离
	电扇	使用时间不要太长,且保持一定距离
	电磁炉	保持安全距离,每次使用的时间不要太长
	电熨斗	把温度一次加热到位,用一会再继续加热,不要边加热边熨衣服并且注意远离儿童
五星级家电 ★★★★★	微波炉	门缝处辐射最大,启动时辐射最大,烹饪时不要靠近,辐射范围可达 7 m,最好在启动微波炉后迅速离开
	电热毯	孕妇如果长时间使用电热毯,容易使胎儿的大脑、神经、骨骼和心脏等重要器官组织受到不良影响
	加湿器	辐射很大,贴近时可达 100 mG,离开 1 m 就降为 1 mG 以下,保持安全距离即可
	吸尘器	70 cm 处才能降为 2 mG 以下,保持安全距离
	脂肪运动机	传送带前部辐射较大,使用时间不宜过长

5.1.5　电磁辐射防护基本限值

《电磁辐射暴露限值和测量方法》(征求意见稿)规定了频率范围为 0 Hz$<f\leqslant$ 300 GHz 的电磁辐射的人体暴露限值和测量方法。根据不同人群的活动特征和不同频率的电磁波生物效应,标准对电磁波作业人员和公众暴露限值规定了不同的要求,如表 5-5 所示。

表 5-5　电磁辐射防护基本限值规定

	电磁辐射防护基本限值规定
职业照射	8 h 工作时间内,任意连续 6 min 按全身平均的 SAR 值小于 0.1 W/kg
公众照射	在一天 24 h 内,任意连续 6 min 按全身平均的 SAR 值小于 0.02 W/kg

注:SAR(Specific Absorption Rate):比吸收率,代表以任意 6 分钟记时平均,人体每公斤所吸收的辐射量。

5.1.6　电磁辐射防护技术

电磁辐射防护可以从消除辐射源、阻断传播途径和保护接受体三个方面入手[3]。

(1)电磁屏蔽防护技术

电磁屏蔽防护技术是目前使用最为广泛的辐射防护技术,具体是采用一定的技术手段,将电磁辐射的作用和影响限制在指定范围内。电磁屏蔽技术的分类及特点见表 5-6。

表 5-6　电磁屏蔽技术的分类及特点

分类	技术简介	特点
主动场屏蔽	将电磁场作用限定在某个范围以内,使其不对这一范围以外的物体产生影响	场源与屏蔽体间距小,所要屏蔽的电磁辐射强度大,屏蔽体要妥善接地
被动场屏蔽	对指定的空间进行屏蔽,使外部电磁场源对此空间内的物体不产生电磁干扰和污染	屏蔽体与场源间距大,屏蔽体可以不采用接地处理

电磁辐射屏蔽防护须采用合适的屏蔽材料,一般认为,铜、铝等金属材料宜用作屏蔽体以隔离磁场和屏蔽电场。有研究表明,铝箔纸及铝箔纸加太空棉对高频电磁场的电场分量和磁场分量屏蔽效果十分显著。另外,有实验表明金属化织物是一种高效的电磁屏蔽材料,专业的电磁辐射防护服多采用金属化织物制作而成。

(2)接地防护技术

接地防护技术是将在屏蔽体内因感应生成的射频电流迅速导入大地,使屏蔽体本身不致再成为射频的二次辐射源,从而保证屏蔽作用的高效率。应该指出,射频接地与普通的电器设备接地不同,两者不能相互替代。射频防护接地情况的好坏,直接关系到防护效果。

射频接地系统的技术要求如下：

①屏蔽体的接地系统表面积要足够大，以便及时将屏蔽体上所感应的电荷迅速导入大地；

②接地线要尽可能短，以保证接地系统具有相当低的阻抗；

③接地线应避开 1/4 波长的奇数倍，以保证接地系统的高效能；

④接地极设计合理，环境条件要适当；

⑤接地极要有一定的机械强度和耐腐蚀能力；

⑥要求采用接地极立埋技术，以便有效导流。

（3）电磁波吸收防护技术

电磁波吸收防护技术是将根据匹配原理与谐振原理制造的吸收材料用来吸收电磁波的能量并转化为其他能量以达到防护目的的技术。采用吸收材料对高频段的电磁辐射，特别是微波辐射与泄漏抑制，效果良好。吸收材料在工业上多用于设备与系统的参数测试，防止设备通过缝隙、孔洞泄漏能量，在个人防护方面，多用于制作电磁辐射防护卡、电磁辐射手机贴膜等。

（4）距离防护技术

从电磁辐射的原理可知，感应电磁场强度与辐射源到被照体之间的距离的平方成反比；辐射电磁场强度与辐射源到被照体之间的距离成反比。因此，适当地加大辐射源与被照体之间的距离可较大幅度地衰减电磁辐射强度，减少被照体受电磁辐射的影响。这是一项简单可行的防护方法，可以通过简单地加大辐射体与被照体之间的距离来降低辐射伤害；也可采用机械化或自动化作业，减少作业人员直接进入强电磁辐射区的次数或时间。

（5）个人防护技术

①提高自我保护意识，对电磁辐射可能对人体产生的危害足够重视，多了解有关电磁辐射的常识，学会一些安全防范措施。

②不要把家用电器摆放得过于集中，或经常一起使用，以免将自己暴露在超剂量辐射危害的环境之中。

③各种家用电器、办公设备、移动电话等都应尽量避免长时间操作。比如较长时间使用电视、电脑等电器时，应注意至少每 1 小时离开一次，采用清洗脸部、远眺或闭上眼睛的方式，来减少所受电磁辐射影响和眼睛疲劳程度。

④当电器暂停使用时，不要让它们处于待机状态，因为待机时可产生较微弱的电磁场，长时间也会产生辐射积累。

⑤对各种电器的使用，应保持一定的安全距离。微波炉在开启之后要离开至少 1 m 远，最好距离工作中的微波炉 6 m 以外，孕妇和小孩应尽量远离微波炉；手机在使用时，应尽量让头部与手机天线的距离远一些，最好用耳机接听电话。

⑥居住或工作在高压线、变电站、电台、电视台、雷达站、电磁波发射塔附近的人

员;佩戴心脏起搏器的患者;经常使用电子仪器、医疗设备、办公自动化设备的人员;以及生活在现代电气自动化环境中的人群,特别是抵抗力较弱的孕妇、儿童、老人及病患者,有条件的应配备专业的电磁辐射防护服装,并佩戴电磁辐射防护卡或电磁辐射防护眼镜,最大限度地将电磁辐射阻挡在身体之外。

⑦及时清理灰尘

有些家电如果不经常擦拭,即便是关掉了电源,电磁辐射仍然会留在灰尘里,继续危害人体健康。带有显示器的电器(如电视机、电脑等)在这方面的表现尤其明显。显示器特别容易吸附灰尘,如果不及时擦拭,电磁辐射就会滞留在灰尘中,并随着灰尘弥漫在室内空气里,很容易被人体的皮肤吸附,时间久了就会对健康造成伤害。

⑧注意个人饮食习惯

从个人饮食习惯方面减轻电磁辐射影响的最简单的办法就是每天喝 2 至 3 杯绿茶,绿茶不但能消除电磁辐射的危害,还能保护和提高视力;菊花茶同样也能起到抵抗电磁辐射和调节身体功能的作用;还要摄入一定量的具有抗氧化作用的维生素和微量元素,多吃含钙质高的食品。

(6)专业电磁辐射防护设备

①电磁辐射防护服

电磁辐射防护服是指防御电磁辐射对人体引起伤害的防护服。金属化织物具有防电磁辐射的功能,采用特殊的纺织工艺将金属纤维融合编织在纺织物中制成电磁辐射防护服可实现屏蔽电磁辐射的效果。由于电磁辐射防护服的服装特性,它的面料不仅要求具有很好的防辐射性能,还要具备质地柔软、耐水洗等特点。

在各种工作空间中,防辐射服应能有效地保障作业人员不受各种外在因素直接或间接的侵袭和损伤。在结构设计上防护服装应充分考虑职业行为特点,以遵从人体运动规律、符合动作尺度和不妨碍作业人员在工作空间中的行动为基本原则。力求便捷、顺畅,便于操作而无羁绊、束缚之感,同时避免造成人体疲劳。防辐射服应具有保温、防寒、透湿透气等温度和湿度调节作用,力求在防辐射服内保持温度。

②电磁辐射防护贴膜

手机防辐射贴膜采是用一种新型功能材料制成的,原理是在高分子介质中添加电磁损耗性物质,通过把电磁能量转换热能的方式吸收电磁辐射。它与金属屏蔽类产品有着本质区别,在保护人体头部不受手机辐射的伤害的同时不会影响手机信号,可以很好地吸收电磁辐射。

③电磁辐射防护卡

电磁辐射防护卡由多种高能材料制作而成,是利用电磁能量转换热能的原理,吸收并消除辐射,形成一个以卡为中心的电磁波减弱区,从而起到防护电磁辐射的作用。电磁辐射防护卡能阻隔消除电器产生的多个频段的电磁辐射,适用于所有人群,特别是长期置身于各类办公、家用电器及高电磁辐射环境中的人们。

④电磁辐射防护眼镜

电磁辐射防护眼镜在镜片的表面镀上多层防辐射膜,使得膜层前后表面产生的不同波长的电磁波互相干扰,从而抵消辐射,可以保护操作人员的眼睛免遭危害。

⑤电磁辐射防护玻璃

电磁辐射防护玻璃是由玻璃或树脂和特制屏蔽丝网在高温高压下合成的,它的优点是在提供有效透光的同时还能提供有效的电磁屏蔽。电磁辐射防护玻璃已被广泛应用于通信、科学研究实验室、信息产业、电力、医疗等电磁辐射过量的工作场所。

⑥电磁辐射防护屏

电磁辐射防护屏能有效吸收显示器发出的对人体有害的电磁辐射,同时可以使电脑光线柔和,防止眼睛疲劳。电磁辐射防护屏在减轻电磁辐射伤害的同时还保证了非常高的透光率,不会影响显示效果,是一种使用比较广泛的显示器类的防电磁辐射产品。

5.2　电磁辐射案例

5.2.1　电磁辐射致癌

有微波生物学家实验表明,电磁辐射会促使染色体发生突变和有丝分裂异常,从而使某些组织出现病理性增生过程,使正常细胞变为癌细胞。

英国国家辐射保护委员会的一份写于 2001 年的调查报告称:居住在高压线周边,有电磁辐射下的儿童,其白血病发病率比居住在别处的儿童高出一倍。而瑞典国家工业与技术发展委员会,选择 $220 \sim 400$ kV 的高压电网下的沿线一带进行调查,发现在 1960 年至 1985 年间,居住在距电线 300 m 以内地段的 50 万人中,共有 142 名儿童患上病症,其中 39 人得白血病。通过计算,15 岁以下的儿童如果暴露在平均磁感应强度大于 $0.2\ \mu T$ 的环境中,则患白血病几率为一般儿童的 2.7 倍以上;若磁感应度大于 $0.3\ \mu T$,则为 3.8 倍。国际上认同儿童居住环境中的磁场强度应不超过 $0.4\ \mu T$。

典型的事件发生在 1976 年美国驻莫斯科大使馆。苏联为监听美驻苏使馆的通讯联络情况,向使馆发射电磁波,由于使馆工作人员长期处于高强度电磁环境中,结果造成使馆内被检查的 313 人中,有 64 人淋巴细胞平均数高 44%,有 15 位妇女得了腮腺癌。

美国德克萨斯州癌症医疗基金会针对一些遭受电磁辐射损伤的病人所做的抽样

化验结果表明,在高压线附近工作的工人,其癌细胞生长速度比一般人要快 24 倍。

美国马里兰州 1969 年至 1982 年间,有 951 名男子死于脑瘤,死者多数为电子工程师和第一代手机频繁使用者。台湾发布的一项研究显示,女性长期使用电脑诱发乳腺癌的危险性比一般非电脑工作人员高 43%。这些情况的发生,都是因为使用这些电子设备时,其周围会产生电磁波。一般说来,电磁波的频率越高,波长越短,引起肿瘤的可能性就越大。

5.2.2　电磁辐射对生育产生不良影响

1980 年,加拿大多伦多市 4 名在同一报社工作的孕妇几乎同时生下患有严重畸形的新生儿,引起了人们对 VDTs(视频显示终端)的关注。调查发现,29 名 VDT 暴露孕妇,6 名发生自然流产,而未暴露 VDT 的 97 名孕妇,仅有 8 名发生自然流产。有研究者发现高磁场 VDT 暴露者较低磁场 VDT 暴露者自然流产增加 3 倍,若每周暴露超过 10 h,自然流产危险性则增加 4.3 倍。有调查发现,妊娠期流产危险性随磁场强度增大而增加,域值为 16 mG,当场强≥16 mG 时,流产危险性增加 2.9 倍,早期流产的危险性增加 5.7 倍,而有流产或生育力低下的孕妇流产增加 4.0 倍。国内曾对长途电话工作人员进行一次调查,发现使用 VDT 的 29 名孕妇有 6 名流产,占 21%,而不使用的 126 名孕妇,流产仅有 11 名,占 9%。此外,VDT 暴露可引起子代先天畸形、围产期死亡、胎儿宫内发育迟缓等,还可使不孕的危险性大大增加。

居住地电磁辐射暴露是流行病学调查关注的另一方面。妊娠妇女在冬天使用电热毯或水床自然流产增加 1.8 倍,低体重儿增加 2.2 倍;而有生育力低下的妇女使用电热毯,其后代泌尿道畸形增加 4 倍;当居住地磁场强度≥0.63 μT 时可使早期流产增加 5.1 倍。有研究者发现母亲在妊娠期使用电热毯,可增加儿童肿瘤的发生,尤其是白血病和脑瘤。除 VDTs 和居住地电磁场暴露外,受孕前 6 个月和妊娠前 3 个月从事微波透热疗法女理疗师早期流产的危险性明显增加;缝纫女工的后代儿童发生白血病的危险性增加。然而也有调查发现,VDT 与自然流产、先天畸形等并无关系。其原因可能在于现代 VDTs 产生的磁场通常比较低。有学者对 43 种不同类型 VDT 产生的磁场进行检测,发现典型办公环境磁场强度一般小于 0.03~1.0 μT。当电场小于 1.0 V/m 或磁场小于 0.1 μT 时,VDT 与自然流产无关。就使用电热毯或水床而言,也有报道其与神经管缺陷、泌尿道缺陷和宫内发育迟缓等无关。

父亲暴露于电磁辐射后,同样也可影响后代。1983 年有研究者在报道中指出工作在高压装置附近男性,其后代围产期死亡率增加 3.6 倍,先天畸形增加 3.2 倍;在广播电线工厂工作的男性,其后代不育增加 5.9 倍。有研究者报道在电力工厂工作的男性其后代尿道下裂危险性增加 2 倍。有研究者在 2001 年的报道中指出,在较高场强的极低频电磁场暴露的父亲,如电工、养路工、焊工等,其后代神经母细胞瘤的发生率增加。

5.3　电磁辐射实验

5.3.1　电磁辐射测量实验

5.3.1.1　实验目的

(1)认识周围环境电磁辐射及其危害。

(2)学会使用电磁辐射测量仪对常见辐射源进行测量。

(3)学会对电磁辐射进行防护。

(4)辟谣"WiFi 上网比手机 4G/3G 上网辐射更大"传言。

(5)鉴定防辐射服的防护效果。

> 身边的电磁辐射到底有多大呢?怎么测量?

5.3.1.2　实验仪器及材料

(1)电磁辐射仪	4 台
(2)银纤维防辐射服	2 件
(3)手机(学生自备)	10 部
(4)笔记本电脑(学生自备)	2 部
(5)微波炉	1 台
(6)台式电脑(含键盘、鼠标)	2 台
(7)平板电脑	2 部
(8)电吹风	1 部
(9)电视机	1 台
(10)加湿器(学生自备)	1 台
(11)打印机	1 部
(12)手机充电器	1 部
(13)跑步机	1 台
(14)卷尺(5 m)	10 部

5.3.1.3　主要实验设备简介

以泰仕 TES593 电磁辐射检测仪为例简要介绍仪器基本情况[4]。

(1)仪器介绍

泰仕 TES593 电磁辐射检测仪可用于测试 10 MHz 至 8 GHz 频率范围等方性电磁场,无方向性测量使用 3 轴测量感应棒,高动态范围使用 3 通道数位处理。

(2)应用领域

泰仕 TES593 电磁辐射检测仪可用于手机基站天线电磁波辐射强度测量,无线通信应用(CW、TDMA、GSM、DECT),高频(RF)电磁波强度测量,高频(RF)电磁波强度测量,高频(RF)发射机功率测量,无线网络(WiFi)侦测,微波炉辐射泄漏侦测,无线针孔摄影机与窃听器侦测,家用无线电话电磁波辐射强度测量,工作或家居环境电磁波安全防护评估等。

(3)技术参数

泰仕 TES593 电磁辐射检测仪技术参数见表 5-7。

表 5-7　技术参数表

频率范围	10 MHz～8 GHz
测量范围(f>10 MHz)	20 mV/m～108.0 V/m,53 μA/m～286.4 mA/m 1 μW/m²～30.93 W/m²,0 μW/cm²～3.093 mW/cm²
绝对误差	±1.0 dB(1 V/m,10 MHz)
频率响应	±1.0 dB(10 MHz～1.9 GHz),±2.4 dB(1.9 GHz～8 GHz)
等方性偏差	当 f>10 MHz 时,±1.0 dB
过载限制	10.61 mW/cm²(200 V/m)
温度影响	±0.5 dB(0～50℃)
测量方式	数位式三轴测量
方向特性	等方性、三轴
显示解析度	0.1 mV/m,0.1 μA/m,0.1 μW/m²,0.001 μW/m²
测量单位	mV/m,V/m,μA/m,mA/m,μW/m²,mW/m²,μW/cm²
测量显示值	实时测量值、最大测量值、平均测量值或最大平均值

5.3.1.4　实验内容及方法

(1)打开电磁辐射仪电源,待稳定后,贴近手机(学生自备)测量在拨打电话时、通话时、4G/3G 上网时、WiFi 上网时和待机时的电磁辐射值峰值(分别测电场峰值和磁场峰值),并填入实验报告表格中;将电磁辐射仪逐渐远离辐射源直至数值在安全标准内时,用直尺测量电磁辐射仪到辐射源的距离,此值即为安全距离,填入表 5-8 中。

(2)参照步骤(1)的方法,分别测量表格中其他辐射源不同状态下的电磁辐射值峰值和安全距离,完成表格相关内容。

注:对电压高、电流小的辐射源主要测量电场强度,对于电压低、电流大的辐射源主要测量磁场强度。

(3)根据相关电磁辐射防护知识,对实验表格中不同辐射源采取相应的防护措施,并检验相应防护效果。

(4)辟谣"WiFi 上网比手机 4G/3G 上网辐射更大"传言。根据表格中测得数据分析 WiFi 上网与手机 4G/3G 上网辐射大小关系,将分析过程和结论填入实验报告中。

(5)鉴定防辐射服的防护效果。用银纤维防辐射服包裹手机,用电磁辐射仪分别测量 1 层、2 层、3 层、4 层时的电磁辐射峰值,鉴定辐射效果。

5.3.1.5 实验安全要点

(1)测量辐射源时注意自身防护,防止长时间暴露于辐射环境中。

(2)学生需要在实验前认真预习,完成预习报告,了解一定的相关知识,在老师的监督下进行测量实验。

(3)实验前了解相关设备(辐射源)的使用,实验过程中注意用电安全。

5.3.1.6 实验报告

(1)将测量情况及测量结果以表格形式表达,完成表 5-8。

(2)分析对比 WiFi 上网与手机 4G/3G 上网产生的辐射,进行传言辟谣。

(3)对防辐射服的防护效果进行分析。

表 5-8　实验数据记录表

辐射源	测试状态	电场峰值	电场安全距离	磁场峰值	磁场安全距离	防护措施
手机	拨打电话时					
	通话时					
	4G/3G 上网时					
	WiFi 上网时					
	待机时					
微波炉	高火					
	中火					
	低火					
平板电脑	WiFi 上网时					
	非 WiFi 上网时					
笔记本电脑	WiFi 上网时					
	非 WiFi 上网时					
台式电脑	主机					
	屏幕					

辐射源	测试状态	电场峰值	电场安全距离	磁场峰值	磁场安全距离	防护措施
电吹风	高档工作时					
	低档工作时					
打印机	待机时					
	打印时					
键盘	工作时					
	待机时					
鼠标	工作时					
	待机时					
加湿器	工作时					
电视机	工作时					
充电器	工作时					
跑步机	工作时					

5.3.1.7 学生自评与教师评价

(1)学生自评

实验时间:＿＿＿＿＿＿＿＿＿ 姓名:＿＿＿＿＿＿＿＿＿

实验地点:＿＿＿＿＿＿＿＿＿ 学号:＿＿＿＿＿＿＿＿＿

学生自评:

学生签字:

日期:

(2)教师评价

分项	实验预习	实验操作	实验报告	实验自评	实验总评
成绩					
教师签字					

注:总评成绩＝实验预习成绩×30％＋实验操作成绩×30％＋实验报告成绩×30％＋实验自评成绩×10％,成绩为百分制。

教师评语:

教师签字:

日期:

5.3.2　高压线和变电站的工频电磁场测量

5.3.2.1　实验目的

(1)了解高压线和变电站产生的工频电磁场限值。

(2)学会使用电磁辐射测量仪对高压线和变电站进行测量。

(3)学会评价周围环境的电磁辐射。

> 小区里的高压线和变电站安全吗?

5.3.2.2　实验仪器及材料

(1)电磁辐射仪　　　　　　　　　　　　2 台

(2)卷尺(10 m)　　　　　　　　　　　 4 部

5.3.2.3　主要实验设备简介

以标智 GM3120 电磁辐射仪为例简要介绍实验仪器基本情况[5]。

(1)技术参数(见表 5-9)

表 5-9　技术参数表

单位	电场:V/m	磁场:μT
精度	电场:1 V/m	磁场:0.01 μT
量程	电场:1~1999 V/m	磁场:0.01~19.99 μT
报警阈值	电场:40 V/m	磁场:0.4 μT
测试频宽	5 Hz~3500 MHz	
取样时间	约 0.4 s	
测试模式	双模同测	
操作温度	0~50℃	
操作湿度	相对湿度 80% 以下	

(2)操作说明

长按电源键开机后即可开始测试。检测仪灵敏度较高,测试时不要移动,因为移动会切割磁感线,影响测试精度。

(3)应用领域

可应用于居家、办公室、户外、工作场所的电磁辐射监测,手机、电脑、电视、冰箱及其他家用电器的电磁辐射监测,高压线电磁辐射监测,防辐射服、防辐射贴膜等电磁辐射防护用品防护效果检验等。

5.3.2.4　实验内容及方法

高压线及变电站产生的工频电场和工频磁场安全值限值应符合的国际标准和国内标准见表 5-10。

表 5-10　工频电场和工频磁场安全值限值标准

限值标准	国际标准	国内标准
工频电场	5000 V/m	4000 V/m
工频磁场	100 μT	100 μT

（1）打开电磁辐射仪电源，待稳定后，测量距离高压线 1 m、1.5 m、2 m、2.5 m、3 m、5 m、10 m 和 15 m 处的工频电场和工频磁场峰值，将数据填入表 5-11 中。

（2）参照步骤 1 的方法，测量距离小区内变电站 1 m、1.5 m、2 m、2.5 m、3 m、5 m、10 m 和 15 m 处的工频电场和工频磁场峰值，将数据填入表 5-12 中。

5.3.2.5　实验安全要点

（1）本实验不得在雨天或地面潮湿时进行，防止高压线附近跨步电压触电。

（2）本实验不得在可能有雷电发生的天气进行，防止雷击伤害。

（3）实验过程中与高压线和变电站保持安全距离，注意防触电。

（4）测量时注意自身防护，防止长时间暴露于辐射环境中。

（5）学生需要在实验前认真预习，完成预习报告，了解一定的相关知识，并在老师的监督下进行测量实验。

5.3.2.6　实验报告

（1）将测量情况及测量结果以表格形式表达，完成表 5-11，画出辐射衰减曲线，并判断是否符合国家相关标准。

表 5-11　高压线工频电磁场测量记录表

高压线所在位置				高压线类型			
距离	1 m	1.5 m	2 m	2.5 m	3 m	5 m	10 m	15 m
工频电场								
工频磁场								

（2）将测量情况及测量结果填入表 5-12，画出辐射衰减曲线，并判定是否符合国家相关标准。

表 5-12　变电站工频电磁场测量记录表

变电站所在位置				变电站类型			
距离	1 m	1.5 m	2 m	2.5 m	3 m	5 m	10 m	15 m
工频电场								
工频磁场								

5.3.2.7　学生自评与教师评价

（1）学生自评

实验时间：＿＿＿＿＿＿＿　　　　　　姓名：＿＿＿＿＿＿＿

实验地点：＿＿＿＿＿＿　　　　　　　学号：＿＿＿＿＿＿＿

学生自评：

学生签字：

日期：

（2）教师评价

分项	实验预习	实验操作	实验报告	实验自评	实验总评
成绩					
教师签字					

注：总评成绩＝实验预习成绩×30％＋实验操作成绩×30％＋实验报告成绩×30％＋实验自评成绩×10％，成绩为百分制。

教师评语：

教师签字：

日期：

思考题

1. 什么是电磁辐射？电磁辐射是怎么产生的？
2. 简述手机电磁辐射的特点及危害。怎样正确使用手机？
3. 简述电磁辐射强度的分级标准。
4. 电磁辐射会对人身体造成哪些危害？
5. 简述电磁辐射防护技术。

生活小贴士：用收音机测试电磁辐射安全距离

如果身边没有电磁辐射仪，用一些普通设备（收音机、音响等）也可以定性地估计家用电器电磁辐射安全距离。以收音机为例，打开可接收 AM（调幅）频道的收音机，将频道调到没有广播的地方，靠近所要测量的家用电器，会发现收音机传出的噪声突然变大，离开一段距离后，恢复原来较小的噪声，那么这个距离就是该电器的安全距离，平时应注意与该电器保持测量出的安全距离。

本章参考文献

[1] 王罗春,周振,赵由才. 噪声与电磁辐射——隐形的危害[M]. 北京:冶金工业出版社,2011:
　　109-111.
[2] 世界卫生组织著,刘文魁,李金有译. 电磁辐射的风险与规避[M]. 北京:人民卫生出版社,
　　2009:55-59.
[3] 张月芳,郝万军,张忠伦. 电磁辐射污染及其防护技术[M]. 北京:冶金工业出版社,2010:
　　46-48.
[4] 泰仕 TES593 电磁辐射检测仪使用说明书.
[5] 标智 GM3120 电磁辐射仪使用说明书.

第6章 光污染及照明认知与实验

6.1 光污染及照明基础知识

随着城市的快速发展,光污染已经成为继废气、废水、废渣、噪声、电磁辐射等污染之后的又一种新的环境污染源,主要包括白亮污染、人工白昼污染和彩光污染等。在日常生活中,人们几乎都遭受过不同程度的各式各样的光污染。例如,在阳光照射下,建筑物玻璃外墙会反射出刺眼的光芒;晚上路边闪烁的广告显示屏和霓虹灯等发出的光芒容易让人感到眼花缭乱;夜间汽车灯光,照得人们睁不开眼;室内光滑白瓷砖反射的光线让人感到不舒服等都属于光污染。

目前,光污染情况日益严重,正在威胁着人们的健康。在日常生活中,人们常见的光污染状况多为不合理的灯光布置及照度引起的眩晕感或其他不适感,总结为被动体验的视觉不适感。

6.1.1 光相关名词术语

(1)光(light)

光本质上是一种电磁波。能够引起视觉反应的光称作可见光,可见光是波长为 $380\sim780$ nm(纳米)的电磁波,仅仅是电磁辐射光谱中非常窄的一部分。不能引起视觉反应的光称为"不可见光",如红外线、紫外线等,与可见光的差别在于波长:小于 380 nm 的电磁波为紫外线,大于 780 nm 的电磁波为红外线。波长单位为纳米(nm),1 nm 相当于十亿分之一米。

(2)光通量(luminous flux)

光通量即光的量,是指发光体每秒钟所发出的可见光量的总和。光通量是衡量光源输出可见光多少的一个指标,它是视觉响应的计量。单位为流明(lm)。

(3)光效(luminous efficiency)

光效即发光效率,是指电光源将电能转化为光的能力。发光效率是点光源所发出的光通量除以耗电量所得的比值,数值越高表示光源的效率越高。单位为流明每瓦(lm/W)。发光效率(lm/W)=流明(lm)÷耗电量(W)。

（4）发光强度（luminous intensity）

发光强度简称光强，是指发光体在特定方向单位立体角内所发射的光通量。常用 I 来表示，单位为坎德拉（cd）。

（5）照度（illuminance）

光通量和光强主要表征光源或发光体发射光的强弱，而照度则是用来表征被照面上接收光的强弱。被照面单位面积上接收的光通量的大小称为照度。常用 E 来表示，单位为勒克斯（lx）或流明每平方米（lm/m^2）。1 勒克斯等于 1 平方米得到 1 流明光时的照度。

照度又称光照强度，是用于指示光照的强弱和物体表面积被照明程度的量。无论是天然采光还是人工照明，主要目的都是给人们的生活和生产提供必需的视觉条件。适当的照度设计应遵循工效学的原则，使照度设置达到保证物体的轮廓立体视觉，有利于辨认物体的高低、深浅、前后远近及相对位置，有利于眼睛的辨色能力，有利于扩大视野、降低疲劳、减少错误和工伤事故的发生。提高照度值可以提高识别速度和主体视觉，从而提高工作效率和准确度。但照度值提高到使人产生眩光时，会降低工作效率。此外，利用照明设计对人的情绪的影响，根据场所功能的需求，可使光环境对人产生兴奋或抑制的作用。在绿色照明理念的指导下，人工照明应考虑节能和环保的要求。

人眼对外界环境明亮差异的知觉，取决于外界景物的亮度。但是，规定适当的亮度水平相当复杂，因为它涉及各种物体不同的反射特性。所以，实践中还是以照度水平作为照明的数量指标。适宜的照度应当是在具体工作条件下，大多数人都感觉比较满意而且保证工作效率和精度均较高的照度值。随着照度的增加，感到满意的人数百分比也在增加，最大值处在 1500 lx 到 3000 lx 之间。任何照明装置获得的照度，在使用过程中都会逐渐降低。这是由于灯的光通量衰减，灯、灯具和室内表面污染造成的。照度分布应满足一定的均匀性。视场中各点照度相差悬殊时，瞳孔就经常改变大小以适应环境，易引起视觉疲劳。

（6）亮度（luminance）

光源在某一方向上的单位投影面在单位立体角中反射光的数量，称为光源在某一方向的光亮度。亮度用 L 来表示，单位为坎德拉每平方米（cd/m^2）或坎德拉每平方厘米（cd/cm^2）。例如，排放着一个黑色和一个白色的物体，虽然它们的照度相同，但看起来白色物体要亮得多，这说明被照物体表面的强度并不能直接表达人眼的视觉感受。因此，引入亮度参数。

（7）眩光（glare）

视野内亮度极高的物体或强烈的亮度对比造成视觉的不舒适称为眩光。眩光分为视能眩光和不舒适眩光。眩光是影响照明质量的一个重要因素，强烈的眩光会使光线不和谐，使人感到不舒适，昏眩，甚至短暂失明。

（8）三基色（three primary colors）

三基色指红、绿、蓝，是稀土元素在紫外线照射下呈现的三种颜色。

（9）频闪效应（stroboscopic effect）

频闪效应是指在以一定频率变化的光照射下，观察到物体运动显现出不同于其实际运动的现象。

（10）平均寿命（average life）

平均寿命是指点亮批量灯至百分之五十的数量损坏时的小时数。

（11）色温度（colour temperature）[1]

当某一种光源（热辐射光源）的色品与某一温度下的完全辐射体（黑体）的色品完全相同时，完全辐射体（黑体）的温度，简称色温。符号为 Tc，单位为开尔文（K）。

完全辐射体（黑体）的温度越高，光谱中蓝色成分就越多，红色成分则越少；色温值越高，表示冷感越强；色温值越低，表示暖感越强，越柔和。

色温渐变示意图如图 6-1 所示。

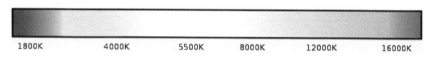

图 6-1　色温渐变示意图

室内照明光源色表可按其相关色温分为三组，如表 6-1 所示。

表 6-1　光源色表分组

色表分组	色表特征	相关色温（K）	常见适用场所
Ⅰ	暖	<3300	客房、卧室、病房、餐厅等
Ⅱ	中间	3300～5300	办公室、实验室、教室、阅览室、商场等
Ⅲ	冷	>5300	热加工车间、高照度场所等

（12）光色（light color）

自然光源太阳有红、橙、黄、绿、青、蓝、紫七色光，称为全光谱。七色光之间有许多过渡色，称为系列色，是连续光谱。光色的差异，由光波的长短确定。

光色的另一种含义指各种物体固有颜色。如果物体是红色的，受光照射后，光的其他颜色都被物体吸收，只有红色被放射出来，所以人的视觉才反映这个物体是红色的，这种现象就是物体的显色特性。不同质的物体，显色指数也不相同，即使同样颜色，有的感觉鲜亮，有的感觉暗淡。

（13）灯具效率（luminaire efficiency）

灯具效率又称光输出系数，是衡量灯具能量利用效率的重要标准，它是灯具输出的光通量与灯具内光源输出的光通量之比。

（14）IP 等级（IP level）

IP 等级即防尘、防水、防护等级，是国际上用来认定灯具的防护等级的代号。IP 等级由两个数字组成，第一个数字表示灯具防尘等级，第二个数字则表示灯具防水等级，如图 6-2 所示。数字越大表示防护等级越高，详见表 6-2。

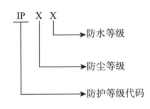

图 6-2　IP 等级含义图

表 6-2　IP 等级详解表

序号	号码	防护程度	含义
防尘等级	0	无防护	无特殊的防护
	1	防止直径大于 50 mm 的物体侵入	防止人体不慎碰到内部零件
	2	防止直径大于 12 mm 的物体侵入	防止手指碰到灯具内部零件
	3	防止直径大于 2.5 mm 的物体侵入	防止工具、电线或物体侵入
	4	防止直径大于 1.0 mm 的物体侵入	防止蚊蝇、昆虫或物体侵入
	5	防护灰尘	无法完全防止灰尘侵入，但侵入的灰尘不会影响正常工作
	6	灰尘封闭	完全防止灰尘侵入
防水等级	0	无防护	无特殊的防护
	1	防止滴水侵入	可防止垂直滴下的水滴
	2	倾斜 15°时仍防止滴水侵入	灯具倾斜 15°时仍可防止滴水
	3	防止喷洒的水侵入	防止垂直入射及夹角小于 50°方向喷洒水
	4	防止飞溅的水侵入	防止各方向飞溅而来的水侵入
	5	防止喷射的水侵入	防止各方向喷射的水侵入
	6	防止大浪的水侵入	防止大浪或喷水孔急速喷出的水侵入
	7	防止浸水的水侵入	灯具浸入水中一定时间（一定水压条件下）仍可正常工作
	8	防止沉没的影响	灯具无期限地沉没水中（一定水压条件下）仍可正常工作

（15）绿色照明（green lights）

绿色照明是节约能源、保护环境，有益于提高人们生产、工作、学习效率和生活质量，保护身心健康的照明。

（16）视觉作业（visual task）

视觉作业是指在工作和活动中，对呈现在背景前的细部和目标的观察过程。

(17)亮度对比(luminance contrast)

亮度对比是指视野中目标和背景的亮度差与背景亮度之比。

(18)显色指数(colour rendering index)

显色指数是在具有合理允差的色适应状态下,被测光源照明物体的心理物理色与参比光源照明同一色样的心理物理色符合程度的度量。用符号 Ra 或 CRI 表示显色指数,用数字表示其量值。显色指数即光对于物体颜色呈现的程度,是物体在光源下的感受与在太阳下的感受的真实度百分比。

标准是以自然光 Ra-100 为 100% 真实色彩,如果使用人工光源与同色的自然光比较色彩真实感为 80%,就用 Ra-80 表示。显色性越高,则光源对颜色的表现就越好,人眼看到的颜色也就越接近于自然色。

(19)参考平面(reference surface)

参考平面指测量或规定照度的平面。

6.1.2　常用照明标准

不同类型建筑常用照明标准如表 6-3 至表 6-7 所示。

表 6-3　住宅建筑照明标准值[2]

房间或场所		参考平面	照度标准值(lx)	Ra
起居室	一般活动	0.75 m 水平面	100	80
	书写、阅读		300	
卧室	一般活动	0.75 m 水平面	75	80
	床头阅读		150	
餐厅		0.75 m 餐桌面	150	80
厨房	一般活动	0.75 m 水平面	100	80
	操作台	台面	150	
卫生间		0.75 m 水平面	100	80
电梯前厅		地面	75	60
走道、楼梯间		地面	30	60
公共车库	停车位	地面	20	60
	行车道	地面	30	60

表 6-4　教育建筑照明标准值[2]

房间或场所	参考平面	照度标准值(lx)	Ra
教室	课桌面	300	80
实验室	实验桌面	300	80
美术教室	桌面	500	90

房间或场所	参考平面	照度标准值(lx)	Ra
多媒体教室	0.75 m 水平面	300	80
电子信息机房	0.75 m 水平面	500	80
计算机教室、电子阅览室	0.75 m 水平面	500	80
楼梯间	地面	150	80
教室黑板	黑板面	500	80
学生宿舍	地面	150	80

表 6-5　办公室建筑照明标准值[2]

房间或场所	参考平面	照度标准值(lx)	Ra
普通办公室	0.75 m 水平面	300	80
高档办公室	0.75 m 水平面	500	80
会议室	0.75 m 水平面	300	80
视频会议室	0.75 m 水平面	500	80
接待室、前台	0.75 m 水平面	200	80
服务大厅	0.75 m 水平面	300	80
设计室	实际工作面	500	80
文件整理、复印、发行室	0.75 m 水平面	300	80
资料、档案室	0.75 m 水平面	200	80

表 6-6　文化建筑照明标准值[2]

房间或场所	参考平面	照度标准值(lx)	Ra
一般阅览室、开放式阅览室	0.75 m 水平面	300	80
重要图书馆的阅览室	0.75 m 水平面	500	80
多媒体阅览室	0.75 m 水平面	300	80
老年阅览室	0.75 m 水平面	500	80
珍善本、舆图阅览室	0.75 m 水平面	500	80
陈列室、目录厅(室)、出纳室	0.75 m 水平面	300	80
档案室	0.75 m 水平面	300	80
书库、书架	0.25 m 水平面	50	80
工作间(包括修复)	0.75 m 水平面	500	80

表 6-7　陈列室展品年曝光量限制值[2]

类别	参考平面	年曝光量(lx·h/a)
对光特别敏感的展品:织绣品、绘画、纸质物品、彩绘陶(石)器、染色皮革、动物标本等	展品面	50000
对光敏感的展品:油画、蛋清画、不染色皮革、银制品、牙骨角器、象牙制品、宝玉石器、竹木制品和漆器等	展品面	360000
对光不敏感的展品:其他金属制品、石质器物、陶瓷器、岩矿标本、玻璃制品、搪瓷制品、珐琅器等	展品面	不限制

6.1.3　照明产品

6.1.3.1　照明产品分类

照明产品分为灯具灯饰、电光源、照明电器附件三大类。

(1)灯具灯饰:建筑灯具、民用灯具、投光照明灯具、工矿灯具、室内外灯具灯饰、嵌入式灯具、船用防爆灯具、船用荧光灯照明灯具、道路照明灯具、汽车摩托车飞机照明灯具、特种车辆标志照明灯具、防爆灯具、水下照明灯具、电影电视舞台照明灯具。

(2)电光源:新型普通照明灯泡、高强气体放电灯(包括高压钠灯、金属卤化物灯)、卤钨灯泡(包括单端、双端、反端式)、荧光灯(包括直管型、环型、紧凑型、异型)、各类辐射光源(红外、紫外)、高频无极灯、霓虹灯、各类交通运输及信号灯等。

(3)照明电器附件:电子变压器、镇流器(电子镇流器、电感镇流器)、电子触发器、电子调频器、启辉器、灯用电器。

6.1.3.2　灯具

(1)灯具的概念

灯具是光源的载体,起到固定和保护光源的作用,是控制并重新分配光在空间分布的器具,包括除光源外所有用于固定和保护光源所需的全部零部件以及与电源连接所需要的线路附件。灯具具有能透光、防止眩光等作用。

(2)灯具的分类

①按使用效果分为装饰灯具和功能灯具两类。

装饰灯具:一般采用装饰部件围绕光源组合而成,主要作用是美化环境、烘托气氛。故将造型、色泽放在首位考虑,适当兼顾效率和限制眩光等要求。

功能灯具:以控制光在空间的分布来提高光效,降低眩光影响,保护光源不受损伤为目的,同时兼顾一定的装饰效果。

②根据适用场所分为质量照明和环境照明两类。

质量照明:眩光是影响照明质量最重要的因素,质量照明设计要消除眩光或把眩光降至最低。给人类提供安逸、舒适、明亮的工作、学习和生活的空间。

环境照明:环境照明则相反,设计时要采用眩光来渲染照明效果,来激发人们的热情,使人类的夜空更加绚丽多姿。给人们带来视觉冲击和美的享受,例如,舞台灯、霓虹灯、水晶灯等花灯系列都属于环境照明。

③根据用途分为民用灯具、工矿灯具、道路照明灯具、庭院灯具、建筑灯具、投光照明灯具、室内外灯具灯饰、公共场所灯具、船用防爆灯具、交通灯具、电影电视舞台照明灯具、医疗灯具、防爆灯具、水下照明灯具。

④根据安装方式分为固定式灯具和可移动式灯具。固定式灯具又分为嵌入式、半嵌入式和明装三种安装方式。

⑤按光源分为白炽灯、荧光灯(节能灯)、高压气体放电灯三类。

⑥按配光要求分为直接照明型、半直接照明型、全漫射式照明型和间接照明型灯具。

⑦按防护要求分为防尘、防水、防爆、防腐蚀灯具。

(3)灯具的作用

灯具的作用主要有:合理地分配光线和光通量;防止光源或灯具产生的眩光;提高灯的利用率;保护光源;美化和装饰环境等。

(4)灯具的光学特性

灯具效率是指在相同的使用条件下,灯具发出的总光通量与灯具内所有光源发出的总通量之比。一般 0.7 属很高的效率,室内照明一般不低于 0.5。灯具材料、出光口大小、灯罩和反射器形状的光学设计都会影响灯具效率。灯具遮光角越大则眩光越小。灯具的发光强度空间分布用配光曲线来表示。

(5)灯具的原理

当光线到达物体表面,一部分被反射,一部分被吸收,还有一部分透射过去。反射面可以像镜子一样光滑,或者像涂漆的表面一样将入射光散射。吸收光通常被转化成热量。没有被反射或吸收的部分则透过表面。光源与灯具的光学设计应用光线传播的方式来创造想要得到的效果。

(6)灯具及其附件

①灯具

灯具指能透光、分配和改变光源光分布的器具,包括除光源外所用于固定和保护光源所需的全部零部件,以及与电源连接所必需的线路附件。

②折射器

折射器是利用折射现象来改变光源的光通量空间分布的装置。

③反射器

反射器是利用反射现象来改变光源的光通量空间分布的装置。

④遮光格栅

遮光格栅是由半透明或不透明组件构成的遮光体,组件的几何布置可以使在给定的角度内看不见灯光。

⑤灯头

灯头是将光源固定在灯座上,使灯与电源相连接的灯部件。

(7)灯具衰减情形及注意事项

影响整套灯具衰减的情形(以普通办公室衰减率为例)可分为下列三项:

①光源污染衰减因素:第 1000 小时约衰减 4%;

②光源本身衰减因素:第 1000 小时约衰减 3%;

③灯具污染衰减因素:第一年约 10%。

灯具应定期清洁以确保灯具的衰减率最低,以维持最佳的照明效果。

6.1.3.3 电光源

(1)电光源产品分类

电光源产品按照发光的形式不同分为辐射光源和气体放电照明光源两大类。前者是利用电流通过灯丝,将灯丝加热到白炽状态发出可见光;后者是利用某些元素的原子被电子激发产生辐射。

白炽灯、荧光灯、金卤灯、低压钠灯、汞灯性能综合对比如表 6-8 所示。

表 6-8 点光源产品性能综合对比表

型号	光效	显色性(Ra)
白炽灯、石英灯	低(15~25 lm/W)	100
荧光灯	低(40~80 lm/W)	40~45
金卤灯	低(80~125 lm/W)	80~99
低压钠灯	高	强黄色
汞灯	低(40~55 lm/W)	40~45

(2)主要光源

①白炽灯

有较宽的工作电压范围,从电池提供的几伏电压到市电电压,价格低廉,不需要附加电路。其主要应用是家庭照明及需要密集的低工作电压灯的地方,如手电筒、控制台照明等。仅有 10% 的输入能量转化为可见光能,典型的寿命从几十小时到几千小时不等。

主要部件:灯丝、支架、泡壳、填充气体、灯架。

②卤钨灯

同额定功率相同的无卤素白炽灯相比,卤钨灯的体积要小得多,并允许充入高气压的较重气体,这些改变可延长寿命、提高光效。卤钨灯也可直接接电源工作而不需控制电路,广泛用于机动车照明、投射系统、特种聚光灯、低价泛光照明、舞台及演播室照明等。

③荧光灯

荧光灯主导商业和工业照明。经过设计的革新、荧光粉的发展以及电子控制电路的应用,荧光灯的性能得到了不断提高。带一体化电路的紧凑型荧光灯拓宽了荧光灯的应用,这种灯替代白炽灯,不仅节能,寿命也要比白炽灯长很多。一般情况下,所有气体放电灯都需要某种形式的控制电路才能正常工作。

荧光灯控制电路(镇流器)分为电感式、电子式两种。电感式镇流器的特点是功率低,有频闪效应,自身重量大,但寿命长,坚固耐用,成本较低;电子式镇流器的特点是功率因数高,无频闪,重量轻。随着科学的发展和技术的进步,低成本、长寿命的电子镇流器将逐步取代传统的电感镇流器。

④低压钠灯

光效最高,但只辐射单色黄光。主要应用在道路照明、安全照明及类似场合下的室外应用。低压钠灯光效是荧光灯的 2 倍,卤钨灯的 10 倍。

⑤高强度气体放电灯

高强度气体放电灯有短的高亮度的弧形放电管,通常放电管外面有某种形状的玻璃或石英外壳,外壳是透明或磨砂的,或涂一层荧光粉以增加红色辐射。高压汞灯(HPMV)、高压钠灯(HPS)和金属卤化物灯(M-H)等都是高强度气体放电灯。

⑥感应灯

感应灯是无极气体放电灯,所需要的能量是通过高频场耦合到放电中的,变压器的次级线圈就能产生有效的放电。从形式看来,感应灯是紧凑型荧光灯的另一种形式,但高压部分不同。这种灯不局限于长管形(如荧光灯管),同时还能瞬时发光。工作频率在几个兆赫之内,并且需要特殊的驱动和控制灯燃点的电子线路装置。

⑦二极管发光照明

二极管发光照明包括多种类型的发光面板和发光二极管,主要应用于标志牌和指示器。高亮度发光二极管可用于汽车尾灯和自行车闪烁尾灯,具有低电流消耗的优点。

6.1.3.4　照明电器附件

在一套灯具中,电器附件(包括镇流器、电子变压器、触发器和补偿电容)是决定灯具使用可靠性的核心,与光源的寿命密切相关。正常使用情况下,一套良好的照明灯具的电器附件均应有 10 年以上的寿命。在寿命期限内,电器附件的任何一个部分失效都会影响整个系统的工作。

(1)变压器

变压器是把高压变低压或低压变高压的电器装置,分为电感变压器、电子变压器两种,电感变压器只变压不变频,电子变压器变压又变频。

（2）镇流器

镇流器是使电流恒定的设备,用于日光灯等气体放电灯,起限制和稳定电流的作用。同样分为电感镇流器和电子镇流器。

（3）触发器

触发器的功能是提供初始的启动电压给高强度气体放电灯。

（4）电容

可靠的电容一般都会有国际权威技术机构的认证,电容的寿命取决于电容耐压值和允许的环境温度,在耐压和温度范围内,电容工作寿命约为 10 年。一般平行补偿型电容耐压值为 250 V 或 450 V,串行补偿型电容耐压值为 450 V 或 650 V,允许环境温度一般为 -25℃ 至 85℃。

6.1.4　生活中常见的光污染源

（1）玻璃幕墙等反射光污染

现如今玻璃幕墙作为装饰被大量使用,尤其是在城市中,光污染源大量增加。阳光照射强烈时,城市里建筑物的玻璃幕墙、釉面砖墙、磨光大理石等装饰反射光线,眩眼夺目。在夏季,玻璃幕墙反射的强烈的太阳光进入附近居民楼内,增加了室内温度,影响正常的生活。有些玻璃幕墙是半圆形的,反射光汇聚还容易引起火灾。烈日下驾车行驶的司机会不时地遭到玻璃幕墙反射光的突然袭击,眼睛会受到强烈刺激,很容易诱发车祸。

（2）激光污染

激光是一种指向性好、颜色纯、能量高、密度大的高能辐射。近几十年来,激光得到了广泛的应用,节日装饰和舞台、舞厅布置等场合采用了激光装置,激光光线到处可见,大有泛滥成灾之势。激光光束一旦进入人眼,经人眼晶状体汇聚,会严重损坏人的眼底细胞。

（3）彩光污染

彩光污染是指舞厅等安装的黑光灯、旋转灯、荧光灯以及闪烁的彩色光源所构成的光污染。彩色光源让人眼花缭乱,不仅对眼睛不利,而且干扰大脑中枢神经,使人感到头晕目眩,出现恶心呕吐和失眠等症状。

（4）白纸光污染

室内墙壁的颜色如果太亮也会引起视觉不适,造成光污染。而电视、电脑,甚至书本里白纸都会对视力造成危害。特别光滑的粉墙和洁白的书籍纸张的光反射系数高达 90%,比草地、森林或毛面装饰物高 10 倍左右。白纸光污染可对人眼的角膜和虹膜造成伤害,抑制视网膜感光细胞功能的发挥,引起视疲劳和视力下降。我国高中生近视率高达 60%,视觉环境是形成近视的主要原因,而不是用眼习惯。因此,推行护眼纸印刷很有必要。

(5)红外线与紫外线

红外线是一种热辐射,对人体可造成高温伤害。较强的红外线可造成皮肤伤害,其情况与烫伤相似,最初是灼痛,然后是造成烧伤。某些波长的红外线对眼角膜的透过率较高,可造成眼底视网膜的伤害。

紫外线对人体主要是伤害眼角膜和皮肤。某些波长的紫外线会对角膜造成损伤,而其中波长为 2880Å(埃)的紫外线作用最强。角膜多次暴露于紫外线,并不增加对紫外线的耐受能力。紫外线对角膜的伤害作用表现为一种叫做畏光眼炎的极痛的角膜白斑伤害。除了剧痛外,还导致流泪、眼睑疼挛、眼结膜充血和睫状肌抽搐。紫外线对皮肤的伤害作用主要是引起红斑和小水疱,严重时会使表皮坏死和脱皮。

6.1.5 光污染的防治

(1)加强管理

有关机构应进一步加强对光污染标准的专项研究,修订照明生态安全的标准和规范。强调城市夜景照明要严格按照照明标准设计,严格限制光污染的产生。预防光污染的关键在于加强城市规划管理,合理布置光源,使它起到美化环境的作用而不是制造光污染。对有紫外线和红外线这类看不见的光污染的场所,必须采取必要的安全防护措施。

(2)选用合适照明光源

人们采用的各种光源中,不仅发出可见光,而且很多种光源含有红外辐射和紫外辐射,对人体健康构成危害。因而在不同的场合使用不同光源时,应尽量避免光污染,以减少对人体自身的损害。局部照明时,应采用遮光性好的灯具,以避免光线直接照射眼睛。舞台、影视和剧场等场所采用高压气体放电灯(HID 灯),如最常用的金属化物灯,因此类光源含有较多的紫外辐射和红外辐射,应采用带隔紫外线辐射玻璃罩的灯具,其辐射通量应符合国际电工委员会有关标准的要求。采用荧光灯照明可以避免紫外线和红外线辐射带来的伤害。荧光灯是一种较理想的光源,但荧光灯在市电交流电源下工作时,由于市电工作频率为 50 Hz,所以荧光灯存在每秒 100 次的闪烁,即光由强到弱和由弱到强的不断变换。由于荧光粉的余辉效应和人眼的暂留作用,人们感觉不到这种光的变化。但这种闪烁是客观存在的,并不断影响人的眼睛和视神经。在这种光线下观看时间长了,会产生眼疲劳,甚至引起头痛等不适反应。在某些条件下,更会引起视觉错觉,造成对工作的影响和对身体的损伤。采用高品质的电子镇流器的荧光灯,其工作频率在 20 kHz 以上,使荧光灯的闪烁度大幅度下降,改善了视觉环境,有利于人体健康。

(3)防止眩光干扰

高大建筑物的玻璃墙对光的反射,道路边灯光装饰和夜景照明光源产生的眩光,对路上行人,尤其是对司机的干扰,很容易引发交通事故。因此在城市环境、道路照明和夜景照明中应防止眩光干扰。公路上巨幅广告牌的铁皮可能会产生强烈反光使司机睁不开眼睛,成为安全隐患。排除侵犯光对交通信息源的影响,成为解决光污染对陆地交通影响的重点。

（4）学会自我保护

学会自我保护,提高个人对光污染的防护意识。拟采取的具体措施包括但不限于:

①避免长期处于光污染的工作环境中,在有光污染的工作场所作业,要戴防护眼镜和防护面罩,最重要的在于提高个人对光污染的防护意识;

②高危工作者应该定期去医院眼科作检查以及时发现病情;

③在烈日下戴上遮阳镜;

④应尽量减少去歌厅、舞厅等彩光污染环境。

（5）定期体检

长期在光污染环境中工作和生活的人员,尤其是在电焊、激光和舞台灯光下作业的专业技术人员,应有很强的自我保健意识。一旦感到眼睛不适、视力下降,皮肤蜕皮、皮疹、皮炎等皮肤科的可疑疾患,头晕、头痛、心慌、胸闷、血压升高、失眠、多梦、心烦意乱等,应及时上医院检查,并定期进行体检。

6.2　光污染案例

6.2.1　楼外墙玻璃反光使人眩晕

福田区景秀小学家长多次就一玻璃幕墙造成的光污染进行投诉。最后施工单位花费 15 万元为玻璃贴上了"纳米膜",称能有效缓解眩光现象。

被投诉的是景田邮政综合楼玻璃外墙,该楼位于福田景田北的景秀小学西南侧,红蜻蜓幼儿园东南侧,景秀中学北侧,与景秀小学操场距离不到两米,距教学楼约有 50 m,四面均为玻璃幕墙。"靠学校一面的楼体约有 1000 m^2,其中玻璃幕墙占 880 m^2 左右。"近千平方米的玻璃幕墙立于约 2000 m^2 的操场一侧,犹如一面大镜子,眩光波及整个操场及教学楼西侧。

经过家长近一年投诉及福田区环境保护和水务局协调,施工方已为部分玻璃幕墙贴上了抑制眩光的"纳米膜"。承接该项目的为深圳市绿光纳米材料技术有限公司,该公司技术人员表示,邮政综合楼所用玻璃的镜面反射率为 18%,贴膜后降至 6%,将镜面反射变为了漫反射。对此,景秀小学副校长表示基本满意。

目前,我国对光污染缺乏立法,高楼林立的大城市里这一问题更为突出。希望纳米膜能够经受住时间的考验,不要让人类的眼睛成为城市发展的牺牲品。

6.2.2　光污染影响健康和安全

目前,在城市商业繁华区安装的电子显示屏,以及被商场、KTV 等娱乐场所广泛使用的霓虹灯,包括我们日常使用的照明灯,如果光度太亮,都会给人们生活造成不便。

专家研究发现,长时间在白色光亮污染环境下工作和生活的人,视网膜和虹膜都会受到程度不同的损害,视力急剧下降,白内障的发病率高达 45%;还会导致头晕心烦,甚至失眠、食欲下降、情绪低落、身体乏力等类似神经衰弱的症状。

现在不少建筑表面都安装了玻璃幕墙,看上去是很美观,但也会给周边环境造成危害。烈日下驾车行驶的司机会出其不意地遭到玻璃幕墙反射光的突然袭击,眼睛受到强烈刺激,很容易诱发车祸。夏天,如果这些玻璃幕墙强烈的反射光进入附近居民楼房内,会增加室内温度,影响居民的正常生活。有些玻璃幕墙是半圆形的,反射光汇聚还容易引起火灾。1987 年德国柏林曾发生过因玻璃幕墙聚光导致的火灾。

据了解,光污染除了影响人们的正常生活外,过度的城市夜景照明还会危及正常的天文观测,人工白昼污染还会伤害鸟类和昆虫,强光可能破坏昆虫在夜间的正常繁殖过程。

6.2.3　光污染伤害鸟类和昆虫

鸟类在迁徙期很容易受到人造光源的干扰。鸟类在夜间以星星定向,城市的大面积照明光常使它们迷失方向。根据美国鸟类专家的统计,每年都有 400 万只候鸟因撞上高楼上的广告灯箱而死去。城市里的鸟还会因为灯光而无法区分四季,没有在合适的时间筑巢,结果因气温过低被冻死。

强光可能破坏昆虫在夜间正常的繁殖过程。习惯在黑暗中交配的蟾蜍的某些品种已经濒临灭绝。有研究发现,1 只小型广告灯箱 1 年可以杀死 35 万只昆虫,而这又会导致大量鸟类因为缺少食物而死亡,同时还破坏了植物的授粉。一些动物受到人工照明的刺激后,夜间也精神十足,消耗了用于自卫、觅食和繁殖的精力。

海龟也受到光污染的影响。在 2001 年的幼龟出生期,在大西洋沿岸上死海龟随处可见。新孵出的海龟通常是根据月亮和星星在水中的倒影而游向水中的。但由于地面光超过了月亮和星星的亮度,使刚出生的小海龟误把陆地当成海洋,最终因缺水而死。

强烈的光照还提高了周围的温度,对草坪和植被的生长也十分不利。紧靠强光灯的树木存活时间短,产生的氧气也少。过度的照明还会导致农作物出现抽穗延迟、减收等现象。

6.3　光污染及照明实验

6.3.1　照明照度测量实验

6.3.1.1　实验目的

你觉得生活中的照度合适吗? 怎样获得对健康无害的照度?

(1)了解照明测量的物理量。

(2)学会正确使用照度计。

(3)理解照度测量的中心布点法。

(4)学会有效采集研究对象的光环境数据。

(5)学会评价照明环境。

6.3.1.2　实验仪器及材料

(1)照度计　　　　　　　　　　　　4 台

(2)卷尺　　　　　　　　　　　　　4 盘

6.3.1.3　主要实验设备及实验方法

(1)照度计

照度计(或称勒克斯计)是一种专门测量光度、亮度的仪器仪表。光照强度(照度)是物体被照明的程度,即物体表面所得到的光通量与被照面积之比。照度计通常是由硒光电池或硅光电池和微安表组成。

照度计使用步骤:

①打开电源。

②打开光检测器盖子,并将光检测器水平地放在测量位置。

③选择适合测量档位。如果显示屏左端只显示"1",表示照度过量,需要按下量程键,调整测量倍数。

④照度计开始工作,并在显示屏上显示照度值。

⑤显示屏上显示数据不断地变动,当显示数据比较稳定时,按下 HOLD 键,锁定数据。

⑥读取并记录读数器中显示的观测值。观测值等于读数器中显示数字与量程值的乘积。

⑦再按一下锁定开关,取消读值锁定功能。

⑧每一次观测时,连续读数三次并记录。

⑨每一次测量工作完成后,按下电源开关键,切断电源。

⑩盖上光检测器盖子,并放回盒里。

（2）中心布点法[3]

在进行照度测量时一般将测量区域划分成矩形网格，最好是正方形网格，在矩形网格中心点测量照度，如图 6-3 所示。该布点方法适用于水平照度、垂直照度或摄像机方向的垂直照度的测量，垂直照度应标明照度测量面的法线方向。

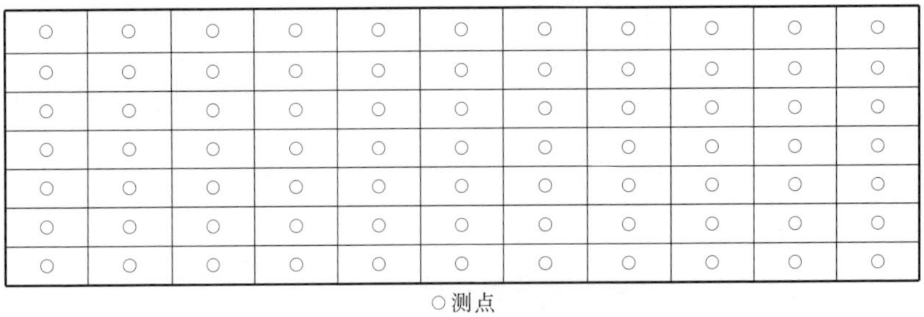

○测点

图 6-3　中心布点法布点示意图

（3）中心布点法平均照度计算

中心布点法按下式求平均照度（E_{av}）：

$$E_{av} = (\Sigma E_i) \div (MN)$$

式中：

E_{av}——平均照度，单位为勒克斯（lx）；

E_i——在第 i 个测点上的照度，单位为勒克斯（lx）；

M——纵向测点数；

N——横向测点数。

6.3.1.4　实验内容

本测量实验布点采用中心布点法，具体实验步骤如下：

（1）在待测定场所打好网格，做测点记号。一般室内或工作区为 2～4 m 正方形网格。走廊、通道、楼梯等处为在长度方向上的中心线按 1～2 m 的间隔布点，网格边线一般距房间各边 0.5～1 m。

（2）确定测量平面和测点高度：无特殊规定时，一般为距地 0.8 m 的水平面、走廊、楼梯规定为地面或距地面为 15 cm 以内的水平面。

（3）根据需要开启必要的光源，排除其他无关光源的影响。测定开始前，白炽灯需要点燃 5 min，荧光灯需点燃 15 min，高强气体放电灯需点燃 30 min，待各种光源的光束稳定后再测量。

（4）测每个网格中心一点的照度，并记录在表格中。

（5）根据所测范围内各点照度值求出全部测量范围的平均照度值。

6.3.1.5　实验安全要点

（1）测量时先用照度计的大量程档，然后根据指示值大小逐步找到量程适用的档数,原则上不允许在最大量程的 1/10 范围内测定。

(2)待指示值稳定后读数。

(3)在测量过程中宜使电源电压稳定,在额定电压下进行测量。

(4)为提高测量的准确性,一测点可测 2～3 次读数,然后取其算术平均值。

(5)测量人员着深色衣服,防止测试者人影和其他各种因素影响接收器读数。

6.3.1.6　实验报告

(1)画出室内照明平面图。

(2)根据实际测量实验的规划,画出中心布点法的布点示意图。

（3）将实验中的各项数据记录填入表 6-9 中。

表 6-9　照度实测记录样表

	1		2		3		4		5		...
	测次	照度	测次	照度	测次	照度	测次	照度	测次	照度	
a	1		1		1		1		1		
	2		2		2		2		2		
	3		3		3		3		3		
	平均		平均		平均		平均		平均		
	测次	照度	测次	照度	测次	照度	测次	照度	测次	照度	
b	1		1		1		1		1		
	2		2		2		2		2		
	3		3		3		3		3		
	平均		平均		平均		平均		平均		
	测次	照度	测次	照度	测次	照度	测次	照度	测次	照度	
c	1		1		1		1		1		
	2		2		2		2		2		
	3		3		3		3		3		
	平均		平均		平均		平均		平均		
	测次	照度	测次	照度	测次	照度	测次	照度	测次	照度	
d	1		1		1		1		1		
	2		2		2		2		2		
	3		3		3		3		3		
	平均		平均		平均		平均		平均		
	测次	照度	测次	照度	测次	照度	测次	照度	测次	照度	
e	1		1		1		1		1		
	2		2		2		2		2		
	3		3		3		3		3		
	平均		平均		平均		平均		平均		
⋮											

（4）根据表 6-9 中的数据计算平均照度并评价所测量的场所是否符合照度要求（查阅相关照度标准）。

6.3.1.7 学生自评与教师评价

（1）学生自评

实验时间：_____   姓名：_____

实验地点：_____   学号：_____

学生自评：

学生签字：

日期：

（2）教师评价

分项	实验预习	实验操作	实验报告	实验自评	实验总评
成绩					
教师签字					

注：总评成绩＝实验预习成绩×30％＋实验操作成绩×30％＋实验报告成绩×30％＋实验自评成绩×10％，成绩为百分制。

教师评语：

教师签字：

日期：

6.3.2　光污染照度测量实验

6.3.2.1　实验目的

(1)了解常见光污染源。

(2)学会熟练正确地使用照度计。

(3)理解照度测量的四角布点法。

(4)学会有效地采集光污染源相关的光环境数据。

(5)学会评价光污染严重程度。

怎样对生活中的光污染源进行照度测量并评判污染严重程度呢?

6.3.2.2　实验仪器及材料

(1)照度计　　　　　　　　　　　　　　4 台

(2)卷尺(10 m)　　　　　　　　　　　　4 盘

6.3.2.3　实验方法

(1)四角布点法[3]

在照度测量的区域一般将测量区域分成矩形网格,网格以正方形为宜,在矩形网格四个角点上测量照度,如图 6-4 所示。四角布点法适用于水平照度、垂直照度或摄像机方向的垂直照度的测量,垂直照度应标明照度测量面的法线方向。

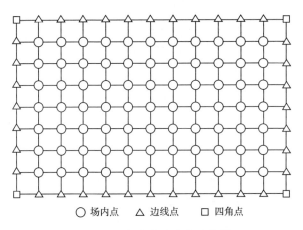

○ 场内点　　△ 边线点　　□ 四角点

图 6-4　四角布点法布点示意图

(2)四角布点法平均照度计算

四角布点法的平均照度(E_{av})按下式计算:

$$E_{av} = (\Sigma E_\theta + 2\Sigma E_0 + 4\Sigma E) \div (4\ MN)$$

式中:

E_{av}——平均照度,单位为勒克斯(lx);

E_θ——测量区域四个角处的测点的照度,单位为勒克斯(lx);

E_0——除 E_θ 外,四条外边上的测点的照度,单位为勒克斯(lx);

E—— 四条外边以内的测点的照度,单位为勒克斯(lx);

M——纵向测点数;

N——横向测点数。

本实验中待测的 LED 屏属于矩形非等亮度面光源,其平均照度的计算较为复杂,为简化运算,可将某测点处的垂直照度(探测头面向 LED 屏测得)作为该点的照度,按上式计算平均照度值,以期对光污染有一个基本认识的目的。

6.3.2.4　实验内容

本实验照度测量布点方法采用四角布点法。根据国家标准 GB/T 5700—2008《照明测量方法》进行布点和测量。

具体以对某 LED 电子屏的亮度空间分布进行实地测量为例阐述四角布点法测量照度的基本步骤,实地测量前最好在白天先布好测点,做好标记,测量时间可选择为 20:30~21:30。

照度测量布点位于 LED 屏(12 m×9 m)影响的区域,初始测量距 LED 屏的垂直距离为 5 m,测量网纵向以 5 m 为间距进行等分,共测量 30 m 的距离;横向以 5 m 进行等分,共测量 40 m 的距离,形成 5 m×5 m 的方格网,使用四角布点法在方格网的节点处测量水平照度和垂直照度,按顺序从左至右依次测量,并分别记录照度值,如图 6-5 所示。

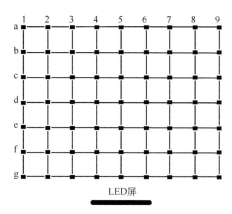

图 6-5　照度测点布置图

一般的 LED 屏采用电影制式,每秒播放 24 帧连续的画面,因此,色彩和亮度的变化都比较频繁。在测量照度时,水平照度和垂直照度时刻都在变化,因此测量时水平照度取 5 s 内照度仪所测得的瞬时最大照度值和最小照度值;垂直照度测量时使照度仪距地面 1.5 m 高,将探测头面向 LED 屏读取 5 s 内瞬时照度的最大值与最小值。每个测点分别测 3 组瞬时(最大、最小)水平照度和瞬时(最大、最小)垂直照度,然后取其平均值,即可得到该点的瞬时照度。

6.3.2.5　实验安全要点

(1)测量时先用照度计的大量程档,然后根据指示值大小逐步找到量程适用的档数,原则上不允许在最大量程的 1/10 范围内测定。

(2)待指示值稳定后读数。

(3)在测量过程中宜使电源电压稳定,在额定电压下进行测量。

(4)为提高测量的准确性,一测点可测 2～3 次读数,然后取其算术平均值。

(5)测量人员着深色衣服,防止测试者人影和其他各种因素影响接收器读数。

6.3.2.6　实验报告

(1)画出照度测量测点布置平面图。

(2)将实验中的各项数据记录填入表 6-10 中。

(3)根据表 6-10 中的数据计算平均照度并评价所测量的场所是否符合照度要求(查阅相关照度标准)。

表 6-10　照度实测记录样表

	1					2					3					...
	测次	水平		垂直		测次	水平		垂直		测次	水平		垂直		
		最大	最小	最大	最小		最大	最小	最大	最小		最大	最小	最大	最小	
a	1					1					1					
	2					2					2					
	3					3					3					
	平均					平均					平均					
	测次	水平		垂直		测次	水平		垂直		测次	水平		垂直		
		最大	最小	最大	最小		最大	最小	最大	最小		最大	最小	最大	最小	
b	1					1					1					
	2					2					2					
	3					3					3					
	平均					平均					平均					
	测次	水平		垂直		测次	水平		垂直		测次	水平		垂直		
		最大	最小	最大	最小		最大	最小	最大	最小		最大	最小	最大	最小	
c	1					1					1					
	2					2					2					
	3					3					3					
	平均					平均					平均					
	测次	水平		垂直		测次	水平		垂直		测次	水平		垂直		
		最大	最小	最大	最小		最大	最小	最大	最小		最大	最小	最大	最小	
d	1					1					1					
	2					2					2					
	3					3					3					
	平均					平均					平均					
⋮																

6.3.2.7　学生自评与教师评价

（1）学生自评

实验时间：＿＿＿＿＿＿＿＿　　　　　　姓名：＿＿＿＿＿＿＿＿

实验地点：＿＿＿＿＿＿＿＿　　　　　　学号：＿＿＿＿＿＿＿＿

学生自评：

学生签字：

日期：

（2）教师评价

分项	实验预习	实验操作	实验报告	实验自评	实验总评
成绩					
教师签字					

注：总评成绩＝实验预习成绩×30％＋实验操作成绩×30％＋实验报告成绩×30％＋实验自评成绩×10％，成绩为百分制。

教师评语：

教师签字：

日期：

思考题

1. 什么是光污染？光污染有哪些危害？
2. 简述照明产品的分类。
3. 结合自身体会,谈谈对教育建筑照明标准的理解？
4. 生活中常见的光污染有哪些？
5. 在日常生活中怎么防治光污染？

生活小贴士:LED 灯优点多

1. 电压安全

LED 使用低压电源,单颗电压一般为 1.9～4 V,比使用高压电源更安全。

2. 光效高

LED 灯是目前光效最高的照明产品,实验室最高光效超过 300 lm/W。

3. 抗震性好

LED 是固态光源,具有其他光源产品不可比拟的抗震性。

4. 稳定性好

LED 灯工作 10 万小时,光衰为初始的 70%。

5. 响应时间短

LED 灯的响应时间为纳秒级,是目前所有光源中响应时间最快的。

6. 材料环保

制作材料中不含汞等对身体有害的物质。

7. 色彩好

LED 灯的带宽很窄,发光颜色纯,无杂色光,可覆盖整个可见光的全部波段,并且可以由 R、G、B 组合成任意可见光。

本章参考文献

[1] 李建华,于鹏.室内照明设计[M].北京:中国建材工业出版社,2013:116-119.

[2] 中华人民共和国住房和城乡建设部.建筑照明设计标准:GB 50034—2013[S].北京:中国建筑工业出版社,2013:22-23,26,29.

[3] 中华人民共和国国家质量监督检验检疫总局,国家标准化管理委员会.照明测量方法:GB/T 5700—2008[S].北京:中国标准出版社,2009:5-6.

第7章　用电安全认知与实验

7.1　用电安全基础知识

我国每年都会有数千人因触电而死亡,大多数事故发生在用电设备和配电装置上,在所有用电事故中,无法预料和不可抗拒的事故是极少数的,大量的用电事故还是可以采取切实的措施来预防的。所以,在实际生活中了解触电相关知识和安全用电常识以及触电事故防护急救措施是十分必要的。

7.1.1　电流对人体的危害

7.1.1.1　电流对人体的危害形式

(1)电击

电击是指由于电流通过人体而造成人体内部组织的反应和病变破坏,使人出现刺疼、痉挛、麻痹、昏迷、心室颤动或停跳、呼吸困难或停止等现象。

(2)电伤

电伤是指电流对人体外部造成的局部伤害,包括电灼伤、电烙印、皮肤金属化等。

在高压触电事故中,电击和电伤往往同时发生;日常生产、生活中的触电事故,绝大部分都是由电击造成的。同时,人体触电事故还往往会引起二次事故(如高空跌落、机械伤人等)。

7.1.1.2　电流对人体的危害程度

电流对人体的危害程度与下列因素有关[1]。

(1)电流的大小

电流越大,伤害也越大。一般情况下,感知电流为 1 mA(工频),摆脱电流为 10 mA,致命电流为 50 mA(持续时间 1 s 以上),安全电流为 30 mA。

直流电一般引起电伤,而交流电则电击和电伤都会产生。

(2)电流持续的时间

电流持续的时间越长,危害越大。

(3)电流的频率

工频电流对人体的伤害程度最为严重。特别是 40~100 Hz 的交流电对人体最为危险。

(4)电流通过人体的部位

以通过心脏、中枢神经系统(脑、脊髓等)、呼吸系统最为危险。

(5)人体的状况

与触电者的性别、年龄、健康状况和精神状态等因素有关。

(6)人体电阻

人体的电阻值通常在 10 kΩ 到 100 kΩ 之间,基本上按表皮角质层电阻大小而定。但人体电阻会随时间、地点、个体差异等因素而变化,具有很大的不确定性,并且随电压的升高而减小。

7.1.1.3　发生触电事故的主要原因

(1)缺乏电器安全常识;

(2)违反操作规程;

(3)设备不合格;

(4)维修管理不善。

7.1.1.4　触电方式

(1)人体与带电体的直接接触触电

①单相触电

单相触电是指人体站在地面或其他接地体上,人体的某一部位触及电气装置的任一相所引起的触电。

②两相触电

两相触电是指人体同时触及任意两相带电体的触电方式。

(2)间接触电

①跨步电压触电

当人体两脚跨入高压电线落地点附近时,在前后两脚之间便存在电位差,此即跨步电压,由此造成的触电称之为跨步电压触电。

②接触电压触电

接触电压是指人触及漏电设备的外壳,加于人手和脚之间的电位差。由接触电压引起的触电称为接触电压触电。

(3)与带电体的距离小于安全距离的触电

人体距带电体(特别是高压带电体)的距离小于最小安全距离时,人体与带电体之间的空气将会被击穿,带电体对人体放电并产生电弧,人体将受到电弧灼伤及电击的双重伤害。

7.1.2　防触电的安全措施

7.1.2.1　安全电压、距离、屏护、工具及标志

（1）安全电压

不带任何防护设备，对人体各部分组织均不造成伤害的电压值，称为安全电压。国际电工委员会（IEC）规定安全电压限定值为 50 V。我国规定 6 V、12 V、24 V、36 V、42 V 五个电压等级为安全电压级别。世界各国对于安全电压的规定，有 50 V、40 V、36 V、25 V、24 V 等，其中以 50 V、25 V 居多。

在湿度大、狭窄、行动不便、周围有大面积接地导体的场所（如金属容器内、矿井内、隧道内等）使用的手提照明，应采用 12 V 安全电压。凡手提照明器具，在危险环境、特别危险环境的局部照明灯，高度不足 2.5 m 的一般照明灯、携带式电动工具等，若无特殊的安全防护装置或安全措施，均应采用 24 V 或 36 V 安全电压。

（2）安全间距

为防止带电体之间、带电体与地面之间、带电体与其他设施之间、带电体与工作人员之间因距离不足而在其间发生电弧放电现象引起电击或电伤事故，规定必须保持的最小间隙。

安全间距即保证人体与带电体之间必要的安全距离。除防止触及或过分接近带电体外，还能避免误操作和防止火灾。在低压工作中，最小检修距离不应小于 0.1 m。

（3）屏护

屏护即指将带电体间隔起来，以有效地防止人体触及或靠近带电体，特别是当带电体无明显标志时。高压设备不论是否有绝缘，均应采取屏护。常用的屏护方式有遮栏、栅栏和保护网。室外不低于 1.5 m（户外变配电装置采用不低于 2.5 m 的封闭屏护），室内不低于 1.2 m。

（4）安全用具

常用的安全用具有绝缘手套、绝缘靴和绝缘棒三种。

①绝缘手套

由绝缘性能良好的特种橡胶制成，有高压、低压两种。在操作高压隔离开关和油断路器等设备、在带电运行的高压电器和低压电气设备上工作时，可预防接触电压。

②绝缘靴

绝缘靴也是由绝缘性能良好的特种橡胶制成，带电操作高压或低压电气设备时，可防止跨步电压对人体的伤害。

③绝缘棒

绝缘棒又称绝缘杆、操作杆或拉闸杆，是用电木、胶木、塑料、环氧玻璃布棒等材

料制作而成。

(5)安全标志[2]

①安全色标的意义如表 7-1 所示。

表 7-1　安全色标的意义

色标	含义	举例
红色	停止、禁止、消防	如停止按钮、灭火器、仪表运行极限
黄色	注意、警告	如"当心触电"、"注意安全"
绿色	安全、通过、允许、工作	如"在此工作"、"已接地"
蓝色	强制执行	如"必须戴安全帽"
黑色	警告	多用于文字、图形、符号

②导体色标如表 7-2 所示。

表 7-2　导体色标

类别	三相交流电路				单相交流电路		接地线
	L1	L2	L3	N	L	N	
色标	黄	绿	红	淡蓝	棕	蓝	绿/黄双色线

7.1.2.2　安全接地

安全接地主要包括保护接地、保护接零、重复接地、防雷接地等,是防止接触电压和跨步电压触电的根本方法。

(1)保护接地

保护接地是将一切正常时不带电而在绝缘损坏时可能带电的金属部分与独立的接地装置相连,从而防止工作人员触及时发生触电事故。

(2)保护接零

在中性点直接接地的低压电网络中,一般采用三相四线的供电方式。将电气设备的金属外壳与电源接地中性线做金属性连接,这种方式称为保护接中性线,又称保护接零。

(3)重复接地

在保护接中性线的系统中,只在电源的中性点处接地还是不够安全的,为了防止接地中性线的断线而失去保护接中性线的作用,还应在中性线的一处或多处通过接地装置与大地连接,即中性线重复接地。

(4)防雷接地

防雷接地是组成防雷措施的一部分,其作用是把雷电流引入大地。

7.1.2.3　漏电保护

漏电保护器是检测漏电电流而动作的装置。在规定的条件下,当漏电电流达到或超过整定值时能自动切断电路。漏电保护器的主要技术参数是动作电流和动作时间。

装设漏电保护装置,是比接地和接零保护更有效、更灵敏的安全措施。照明电路中所选用的漏电保护器应为额定漏电动作电流小于或等于 30 mA、动作时间为 0.1 s 的高灵敏度产品。

7.1.2.4　等电位联结

人在洗浴时皮肤完全湿透,电阻大大下降,沿金属管道、金属构件等传导来的较小电压就可引起电击伤亡事故。这种电气事故是不能通过装漏电保护器、隔离变压器等保护电器来防范的,因为这种使人伤亡的电压是沿非电的金属管道、金属构件传导的,唯一的防范措施是在此作局部等电位联结。

卫生间内局部等电位联结是将卫生间内的金属管道等各种金属件通过等电位联结线在等电位联结端子板处联结起来。等电位联结线采用 4 mm² 的 BVR(多铜芯聚氯乙烯软护套线)导线在地面内和墙内穿 PVC(聚氯乙烯)塑料管暗敷。局部等电位联结端子板应设置在方便检测的位置(距地面 30 cm 处),等电位联结端子板应采取螺栓联结,以便拆卸进行定期检测。所有金属件如金属水管、暖气片、淋浴的喷头和金属地漏、毛巾架、肥皂盒都连接到等电位联结端子板处。在地面和墙内钢筋网上最好多做一些焊接点。等电位联结线与金属管道采用抱箍连接,抱箍与管道接触处的接触表面应刮拭干净,安装完后要刷防护漆;与金属浴盆连接时,采用螺栓直接将线固定在浴盆配置的接线端子上。等电位联结用螺栓、垫圈、螺母等应进行热镀锌处理。局部等电位联结安装完毕后,应进行导通性测试,测试用电源可采用空载电压为 4～24 V 的直流或交流电源,测试电流不应小于 0.2 A,若等电位联结端子板与等电位联结范围内的金属管道等金属体末端之间的电阻不大于 3 Ω 视为有效。

7.1.3　触电急救

人体触电后,比较严重的情况是心跳骤停、呼吸停止、失去知觉,从外观上呈现出死亡的征象。但是,实例证明,由于电流对人体作用的能量较小,多数情况下不能对内脏器官造成严重的器质性损坏,这时人不是真正的死亡,而是一种"假死"状态。有资料显示,从触电 1 分钟开始施救,90% 有良好效果;从触电 6 分钟开始施救,10% 有良好效果;从触电 12 分钟开始施救,救活的可能性就很小了。因此要及时按照"迅速、就地、准确、坚持"的原则实施抢救[3]。

一旦发现有人员触电,首先要采取正确的方法迅速切断电源,使伤员安全脱离电源,然后根据伤者情况迅速采取人工呼吸或胸外心脏按压法进行抢救,同时拨打 120 医疗急救电话。

(1)脱离电源

使触电者脱离电源的方法主要有以下几种:

①拉闸

迅速拉下刀闸,或拔出电源的插头。对于照明线路引起的触电,因普通电灯的开关控制的不一定是火线,所以,还是要将闸刀拉下来。

②拨线

若电闸一时找不到,应使用干燥的木棒或木板将电线拨离触电者。拨离时要注意尽量不要挑线,以免电线回弹伤及他人。

③砍线

若电线被触电者抓在手里或粘在身上拨不开,可设法将干木板塞到其身下,与地隔离。也可用有绝缘柄的斧子砍断电线。弄不清电源方向时,两端都砍断。砍断后注意线头处理,以免重复伤人。

④拽衣服

如果上述条件都没有,而触电者衣服又是干的,且施救者还穿着干燥的鞋子,可以找一干燥毛巾或衣服包住施救者一只手,拉住触电者衣服,使其脱离电源。此时要注意,施救者应避免碰到金属物体和触电者身体,以防出现意外。

必须强调的是,以上办法仅适用于 220/380 V 低压触电的抢救。对于高压触电者,应立即通知有关部门停电,抢救者可以戴上绝缘手套、穿上绝缘靴,用相应电压等级的绝缘工具断开开关。

（2）对症抢救

①伤势较轻者

伤势较轻,神志清醒,但有些心慌、四肢发麻、全身无力,或触电者曾一度昏迷,但已清醒过来,应使触电者安静休息,不要走动,注意观察并请医生前来治疗或送往医院。

②伤势较重者

触电者伤势较重,已经失去知觉,但心脏跳动和呼吸尚未中断,应使触电者安静地平卧,保持空气流通,解开其紧身衣服以利呼吸。若天气寒冷,应注意保温,并严密观察,速请医生治疗或送往医院。如果发现触电者呼吸困难、稀少或发生痉挛,应做好准备,一旦心跳或呼吸停止,立即进行心肺复苏。

③伤势严重者

触电者伤势严重,呼吸停止或心脏跳动停止,或二者均停止,这时触电者已处于"假死"状态。对呼吸停止者要立即进行人工呼吸,使其恢复呼吸,对心跳停止者要立即进行胸外心脏按压抢救,使其恢复心跳,两者都停止者,要同时恢复。

（3）心肺复苏法

①首先判定患者神志是否丧失。如果无反应,一方面呼救,让旁人拨电话通知急救中心,一方面摆好患者体位,打开气道。

②如患者无呼吸,立刻进行口对口吹气两次,然后检查颈动脉,如脉搏存在,表明心脏尚未停搏,无需进行体外心脏按压,仅做人工呼吸即可,按每分钟 12 次的频率进

行吹气,同时观察患者胸廓的起落。一分钟后检查脉搏,如无搏动,则人工呼吸与心脏按压同时进行。按压频率为每分钟 80～100 次。

③按压和人工呼吸同时进行时,其比例为 15∶2,即 15 次心脏按压,2 次吹气,交替进行。

④操作时,抢救者同时计数 1、2、3、4、5…15 次按压后,抢救者迅速倾斜头部,打开气道,深呼气,捏紧患者鼻孔,快速吹气 2 次。然后再回到胸部,重新开始心脏按压 15 次。如此反复进行,一旦心跳开始,立即停止按压。

注意事项:

①单人进行心肺复苏抢救一分钟后,可通过看、听和感觉来判定有无呼吸。以后每 4～5 分钟检查一次。操作时,中断时间最多不得超过 5 秒钟。

②一旦心跳开始,在立即停止心脏按压的同时,尽快把患者送到医院继续诊治。

(4)心肺复苏之口对口(鼻)人工呼吸法

施行口对口人工呼吸前,应迅速将触电者身上妨碍呼吸的衣领、上衣、裤带解开,并迅速取出触电者口腔内妨碍呼吸的食物,脱落的假牙、血块、黏液等,以免堵塞呼吸道。

施行口对口(鼻)人工呼吸时,应使触电者仰卧,并使其头部充分后仰,最好一只手托在触电者颈后,使鼻孔朝上,以利呼吸道畅通。

口对口(鼻)人工呼吸法操作步骤如下:

①使触电者鼻孔(或嘴)紧闭,救护人员深吸一口气后紧贴触电者的口(或鼻)向内吹气,为时约 2 秒钟;

②吹气完毕,立即离开触电者的口(或鼻),并松开触电者的鼻孔(或嘴唇),让他自行呼气,为时约 3 秒钟。

如果无法使触电者的嘴张开,可改用口对鼻人工呼吸法。

(5)心肺复苏之胸外心脏按压法

应使触电者仰卧在比较坚实的地方,姿势与口对口(鼻)人工呼吸法相同。动作要领如下:

①救护人员跪在触电者一侧或骑跪在其腰部两侧,两手相叠,手掌根部在心窝上方,胸骨下三分之一至二分之一处。

②掌根用力垂直向下(脊背方向)按压,对成人应压陷 3～4 cm,以每秒钟按压一次,每分钟按压 60 次为宜。对儿童用力要轻一些。

③按压后掌根很快抬起,让触电人胸廓自动复原。每次放松时,掌根不必完全离开胸膛。

7.1.4　生活安全用电规则

(1)入户电源避免过负荷使用,破旧老化的电源应及时更换,以免发生意外。

(2)入户电源总保险与分户保险应配置合理,使之能起到对家用电器的保护作用。

（3）接临时电源要用合格的电源线。电源插头、插座要安全可靠,已经损坏的不要使用,电源线接头要用胶布包好。在户外时,应使用防水胶带。

（4）临时电源线临近高压输电线路时,应与高压输电线路保持足够的安全距离。10 kV 及以下安全距离为 0.7 m,35 kV 安全距离为 1 m,110 kV 安全距离为 1.5 m,220 kV 安全距离为 3 m,500 kV 安全距离为 5 m。

（5）严禁私自从公用线路上接线。

（6）线路接头应确保接触良好,连接可靠。

（7）房间装修,隐藏在墙内的电源线要放在专用阻燃护套内,电源线的截面应满足负荷要求。

（8）使用电动工具如电钻等,须戴绝缘手套。

（9）遇有家用电器着火,必须先切断电源后再救火。

（10）家用电器接线必须确保正确,有疑问时应咨询专业人员。

（11）家庭用电应装设带有过电压保护的调试合格的漏电保护器,以保证使用家用电器时的人身安全。

（12）家用电器在使用时,应有良好的外壳接地,室内要设有公用地线。

（13）湿手不能触摸带电的家用电器,不能用湿布擦拭使用中的家用电器,进行家用电器修理必须先停电源。

（14）家用电器电热设备、暖气设备一定要远离煤气罐、煤气管道,发现煤气漏气时先开窗通风,千万不能拉合电源,并及时请专业人员修理。

（15）使用电熨斗、电烙铁等电热器件,必须远离易燃物品,用完后切断电源,拔下插销以防意外。

（16）发现家用电器损坏,应请经过培训的专业人员进行修理,自己不要拆卸,防止发生电击伤人。

（17）严禁在高低压电线下打井、竖电视天线和钓鱼。

（18）发现电线断落,无论带电与否,都应视为带电,应与电线断落点保持足够的安全距离,并及时向有关部门汇报。

（19）发现有人触电,不能直接接触触电者,应用木棒或其他绝缘物将电源线拨离,使触电者脱离电源。

（20）电源插头、插座布置在幼儿接触不到的地方,并经常给家中的老人和孩子讲解家庭安全用电常识,增强老人和孩子的自我保护能力。

（21）入户线如发现与树木、建筑物直接接触,为防止电线被磨破,应及时剪伐树木,或在入户线上加绝缘套管。

（22）在带电的家用电器上或破旧的电线周围,不能用钢尺或有金属丝的皮尺、线尺进行测量工作。

(23)禁止在电杆的拉线上拴绳、晾东西,以免引起触电。

(24)家用电淋浴器在洗澡时一定要先断开电源,并有可靠的防止突然带电的措施。

7.2　用电安全事故案例

7.2.1　错误接线引起触电

某年 7 月,湖南某变电所控制室安装空气调节器时,使用三相手电钻在有积水的土坑内对供水母管钻孔。电钻由 4 芯橡皮线供电,电源侧接 24 m 外的检修电源端子箱,黄、绿、红三芯接火线,黑芯接地,电钻侧由另一人接线,他误将电钻引线的黑芯(电钻外壳接零线)与电源线的绿芯相连,致使电钻外壳带电,结果使操作者触电,经抢救无效死亡。

造成这次事故的原因:

(1)接错线;

(2)电钻使用者未穿绝缘鞋,也没戴绝缘手套;

(3)施工地点没有就地设置开关或插座,救护人员缺乏触电急救知识。

7.2.2　违反操作规程引起触电

某供电局配电修理工甲和乙到用户处检修低压进户线。乙在监护人不在现场的情况下,独自登上 9 m 高的水泥杆顶,作业时未扎腰绳,也没戴手套。甲发现后也未加阻止。当乙将带电侧的铜绑线破开时,突然右手触电,右脚脱离脚扣,左脚带着脚扣顺杆下滑,当滑到距地面 4 m 左右时,人体脱离电杆坠落在地,因伤势过重,抢救无效死亡,时年 35 岁。

这是一起严重违章作业引起的人身伤亡事故。工作人员违反了《电业安全工作规程》关于"高空作业必须使用安全带"的规定;监护人甲不曾阻止乙的违章行为,严重失职。

7.2.3　未按规定穿戴防护用品发生触电

某年 9 月 17 日,某喷漆厂电工鲁某,身穿汗背心,长裤(脚管卷起),赤脚穿塑料拖鞋,在临时通电的低压配电室内,俯卧在 3 号配电屏上拧屏内中性线导电排的 8 组螺丝时,右臂不慎碰到开关出线带电导电排,造成触电。鲁某经抢救无效死亡。

在此案例中电工人员没有按规定穿戴防护用品。且不遵守劳动纪律,上班穿拖鞋。现场安全管理不严。电工作业时不穿绝缘鞋、长袖、长裤工作,未受到及时教育与处理。思想麻痹,认为在中性线上工作无危险,对带电导线未采取绝缘隔离措施。

7.3　用电安全实验

7.3.1　绝缘电阻测量实验

7.3.1.1　实验目的

(1)了解人体触电知识。

(2)明确测量绝缘电阻的目的。

触电是怎么一回事?
怎么防止触电事故
的发生呢?

(3)学会用绝缘电阻测量仪测量绝缘电阻。

7.3.1.2　实验仪器及材料

(1)兆欧表　　　　　　　　　　　　2 台

(2)电饭煲、电热毯、手机充电器、电吹风、洗衣机、柜式空调、电磁炉、电风扇、壁挂式空调、电冰箱、电视　　　　　各 1 件

(3)绝缘手套　　　　　　　　　　　10 副

(4)绝缘工具　　　　　　　　　　　2 套

7.3.1.3　实验原理

人体触及带电导体或因绝缘损坏而带电的设备外壳或电缆、电线即为触电。良好的绝缘是保证电气设备和线路正常运行,防止触电事故的重要措施。

绝缘电阻是绝缘结构的主要电性能之一。测量电气设备的绝缘电阻,是检查其绝缘状态的最简单的辅助方法。由所测得的绝缘电阻值能够发现绝缘局部或整体受潮、脏污,绝缘严重劣化,绝缘击穿和严重热老化等缺陷。测量绝缘电阻,是电气检修、运行和试验人员都应掌握的基本方法。

使用兆欧表(摇表)测量绝缘电阻是现场测量绝缘电阻普遍采用的方法。兆欧表是一种简便、常用的测量高电阻的直读式仪表。一般用来测量电路、电机绕组、电缆、电气设备等的绝缘电阻。

7.3.1.4　实验内容

本实验要测量柜式空调、壁挂式空调、洗衣机、电冰箱、电磁炉、电视、电风扇、电吹风、手机充电器、电热毯、电饭煲等的绝缘电阻,将数据记录到实验表格中,并分析是否有漏电危险。

兆欧表上有三个分别标有接地(E)、电路(L)和屏蔽(G)的接线柱。测量步骤如下:

(1)断开被试物的电源,拆除或断开对外的一切连线,将被试物接地放电。对

电容量较大的被试物(如发电机、电缆、大中型变压器和电容器等),更应充分放电。此项操作应利用绝缘工具(如绝缘棒、绝缘钳等)进行,不得用手直接接触放电导线。

(2)用干燥、清洁、柔软的布擦去被试物表面的污垢。

(3)根据被试物的额定电压选择适当的兆欧表。一般额定电压1000 V以下的设备使用1000 V兆欧表,1000 V及以上的设备使用2500 V兆欧表。

(4)将兆欧表置于水平位置,摇动兆欧表摇把达到额定转速(120 r/min),此时,兆欧表指针应指"∞"。再用导线短接兆欧表的E端和L端,慢慢摇动摇把,指针应指在"0"位。

(5)将被试物的接地端接于兆欧表的E端接线柱上,测量端接于兆欧表的L端接线柱上。如遇被试物表面的泄漏电流较大时,或对重要的被试物,如发电机、变压器等,为了避免表面泄漏的影响,必须加以屏蔽。屏蔽线应接在兆欧表的G端接线柱上。接好线后,L端暂时不接被试物,驱动兆欧表达到额定转速,待指针指向"∞"后,使兆欧表停止转动,再将L端导线接至被试物。

(6)驱动兆欧表达到额定转速,待指针稳定后,读取绝缘电阻数值。

(7)测量吸收比时,先驱动兆欧表达到额定转速,待指针指向"∞"时,用绝缘工具将L端导线立即接至被试物上,同时开始计时,分别读取15 s和60 s时的绝缘电阻值并进行记录。

(8)读取绝缘电阻值之后,先断开接至被试物的L端导线,然后再将兆欧表停止运转,以免被试物的电容上充有的电荷经兆欧表放电而损坏兆欧表。

(9)测量完毕后,必须将被试物充分放电。

7.3.1.5　实验安全要点

(1)兆欧表的接线柱与被试物间连接的导线不能用双股绝缘线或绞线,应使用单股线分开单独连接,以避免因双股绝缘线或绞线绝缘不良而引起测量误差。

(2)摇动兆欧表摇把时应由慢渐快,当出现指针已经指零时,不能继续摇动摇把,以防表内线圈发热损坏。

(3)禁止在雷电时或在邻近有带高压导体的设备情况下用兆欧表进行测量。只有在设备不带电且又不可能受其他电源感应而带电时才能进行测量。

(4)根据需要记录测量时的温度和湿度,以便校正。

7.3.1.6　实验报告

(1)将被试物的规格、额定电压、相与相间的绝缘电阻、相与外壳间的绝缘电阻填入表7-3。

表 7-3　实验记录表

被试物	规格	额定电压	相间绝缘电阻(MΩ)	相壳间绝缘电阻(MΩ)
柜式空调				
壁挂式空调				
洗衣机				
电冰箱				
电磁炉				
电视				
电风扇				
电吹风				
手机充电器				
电热毯				
电饭煲				

(2)分析判定被试物品是否符合绝缘电阻指标要求,并分析不符合要求的被试物绝缘电阻异常的原因。

7.3.1.7　学生自评与教师评价

(1)学生自评

实验时间:＿＿＿＿＿＿　　　　　　　姓名:＿＿＿＿＿＿

实验地点:＿＿＿＿＿＿　　　　　　　学号:＿＿＿＿＿＿

学生自评:

　　　　　　　　　　　　　　　　　　　　　　　学生签字:

　　　　　　　　　　　　　　　　　　　　　　　日　期:

(2)教师评价

分项	实验预习	实验操作	实验报告	实验自评	实验总评
成绩					
教师签字					

注:总评成绩＝实验预习成绩×30％＋实验操作成绩×30％＋实验报告成绩×30％＋实验自评成绩×10％,成绩为百分制。

教师评语:

　　　　　　　　　　　　　　　　　　　　　　　教师签字:

　　　　　　　　　　　　　　　　　　　　　　　日　期:

7.3.2　电气装置红外安全检测实验

7.3.2.1　实验目的

(1)明确电气装置红外安全检测的目的。

(2)了解红外热像仪的基本工作原理。

怎样对电气设备进行快速非接触式安全检测呢?

(3)学会使用红外热像仪对电气设备进行非接触式安全检测。

7.3.2.2　实验仪器及材料

(1)红外热像仪　　　　　　　　　　　1 台

(2)配电箱　　　　　　　　　　　　　1 套

(3)变压器　　　　　　　　　　　　　1 台

(4)开关箱　　　　　　　　　　　　　1 套

(5)照明装置　　　　　　　　　　　　1 套

7.3.2.3　实验原理及设备简介

电气装置红外安全检测是应用红外检测技术获取带电设备的致热效应从设备表面发出的红外辐射信息,来对设备缺陷性质进行判断。

本实验所使用的装置是红外热像仪。红外热像仪是利用其光学系统的成像物镜接收被测目标的红外辐射能量,将与物体表面的热分布场相对应的分布图形反映到红外探测器的光敏元件上,探测器将红外辐射能转换成电信号,经信号处理器进行放大处理、转换成视频信号,通过显示器将红外热像图显示在屏幕上。基本原理如图 7-1 所示。

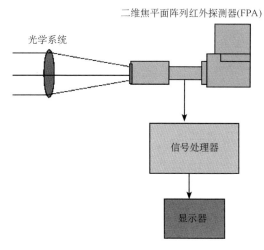

图 7-1　红外热像仪原理示意图

利用红外热像仪对各种电气设备，包括变压器、高压开关、电动机、接触器以及配电线路等进行红外热成像检查，能及时发现、处理电气设备和线路的热缺陷，保证运行的电气设备不存在潜伏性的热隐患，防止火灾、停机等事故发生。

以 FLIR ThermaCAM™ E30 红外热像仪为例，简要介绍设备情况[4]。

（1）机身按键

①PWR/NO 键

当仪器关闭时按下可开机，仪器工作时按住并保持 2 秒钟以上即可关机；可取消在菜单对话框中所做的选择；可退出图像冻结状态；如在菜单中选择了"隐藏图形"，按此键可退出当前状态。

②MENU/YES 键

按下可显示仪器操作主菜单；可确认在菜单对话框中所做的选择并退出；如在菜单中选择了"隐藏图形"，按此键可退出当前状态。

③SEL 键

可选择当前不同操作项目并配合十字导航键进行操作：选中辐射值 E 后可通过十字导航键直接调整其数值；选中温标条后可通过十字导航键调整温度显示高低和范围（手动调整模式下）；选中温度显示数值（屏幕右上角）后可通过十字导航键移动测温点（点温测量模式下）或改变方框大小（区域内最大值/最小值/平均值测量模式下）。

④SAVE/FRZ 键

按下可冻结当前显示的图像并显示菜单请示是否保存此图像，再次按下可保存图像，按 PWR/NO 键则放弃保存并退出冻结状态；按住保持 1 秒钟以上可直接存储当前图像。

⑤十字导航键

可在不同菜单环境中配合其他按键对操作项目进行操作。

⑥扳机键

具体功能可在仪器菜单中自行设置，可分别定义为：

a. 无：无任何作用；

b. 开/关激光：可打开/关闭红色激光点指示定位功能；

c. 电平温宽调整：可快速、自动调整图像的亮度和对比度；

d. 保存：可直接保存当前图像。

（2）主菜单

①测量模式：无、点温测量、区域内最大值/最小值/平均温；

②自动调整—手动调整：切换图像调整的手动/自动模式；

③辐射值调整：可设定目标辐射值和环境温度；

④调色板：可切换图像色调以便观察；

⑤温度范围：可三档切换温度测量范围以便使测量结果精准，调整范围分别为：

$-20\sim+100℃、0\sim+250℃、+120\sim+900℃$；

⑥隐藏图形：可隐藏屏幕上除 FLIR 商标外的字符和元素以便观察图像；

⑦文件：可浏览、删除、全部删除已拍摄存储的红外图像；

⑧设立：可对仪器进行基本设定、日期时间、地区化的调整和查看热像仪信息，以及对本机恢复出厂设定默认值。

（3）基本操作

①设置测量方式（点温测量/最高温追踪显示）；

②设置目标辐射值和环境温度；

③旋转调整镜头；

④设置好温度范围；

⑤调整图像亮度、对比度至最佳效果；

⑥寻找可疑问题点，冻结并存储图像；

⑦用 USB 线连接热像仪和电脑，将自动启动 ThermaCAMTM QuickReportTM 软件；

⑧进行图像分析，做出红外检测报告。

7.3.2.4　实验内容

（1）图像基本操作

①打开热像仪——按下"PWR/NO"键，打开热像仪。

②采集图像——将热像仪对准恒温对象，如脸或手。转动镜头前端的聚焦环来调校焦距。如果热像仪处于手动调校模式，按住"SEL"键一秒以上，以自动调校热像仪。

③冻结及保存图像——轻按"SAVE/FRZ"将显示一个确认框，按"是"保存图像，按"否"则退出确认框，不保存图像。也可按住"SAVE/FRZ"一秒钟以上，不经冻结而直接保存图像。

④打开图像——按"MENU/YES"显示垂直菜单栏，指向"文件"，然后按"MENU/YES"，指向"图像"，显示最近保存的图像缩略图。按导航台（十字键）的左/右或上/下箭头并按下"MENU/YES"，选择该图像。

⑤删除一幅或多幅图像——按"MENU/YES"显示垂直菜单栏，指向"文件"，然后按"MENU/YES"，指向"删除图像"或"删除所有图像"，并按下"MENU/YES"，删除一幅或多幅图像。

⑥关闭热像仪——按住"PWR/NO"键，直至显示"正在关闭"热像仪。

（2）测量基本操作

①热像仪需要先预热 5 分钟，才可准确地进行测量。

②布置测量点

按"MENU/YES"显示垂直菜单栏,指向"测量模式",然后按"MENU/YES",在"测量模式"对话框中选择"点温测量",然后按"MENU/YES"。在测量点数框内,可设置测量的点数。按住"SEL",直至测量点周围出现小括弧。然后可以通过按导航台(十字键)的左/右或上/下箭头移动测量点。测得的温度将显示在液晶显示屏的右上角。

③辐射值设定

热像仪可对物体身上发射的红外线进行测量和成像。热像仪所测量的辐射值不仅取决于物体的温度,还会随辐射率变化,正确设定的最为重要的一个物体参数是辐射率。在垂直菜单栏中指向"辐射值设定",并按"MENU/YES"显示"辐射值设定"对话框。要更改辐射值设定,可按导航台左右箭头。不同物体材料和表面处理的辐射率可以参考热像仪用户手册中的辐射率表。

(3)在实验室内以配电箱、开关箱、照明装置等电气装置为测量对象进行检测,在室外以变压器为测量对象进行检测。

7.3.2.5　实验安全要点

(1)在打开配电箱、开关箱等电气装置时,须经指导教师同意,在确保安全间距的前提下,才可打开柜门测量。测量变压器时注意保持安全距离。

(2)热像仪上设置有用作对准的辅助装置(激光定位器),任何时候不得直视激光束。

7.3.2.6　实验报告

(1)将测量情况(时间、地点、对象物体名称等)及测量结果以表格形式表达。并附上红外图像。

(2)对测量结果进行简要分析。

7.3.2.7　学生自评与教师评价

(1)学生自评

实验时间：＿＿＿＿＿＿＿　　　　　　　姓名：＿＿＿＿＿＿＿

实验地点：＿＿＿＿＿＿＿　　　　　　　学号：＿＿＿＿＿＿＿

学生自评：

　　　　　　　　　　　　　　　　　　　　　　　　学生签字：

　　　　　　　　　　　　　　　　　　　　　　　　日期：

(2)教师评价

分项	实验预习	实验操作	实验报告	实验自评	实验总评
成绩					
教师签字					

注:总评成绩＝实验预习成绩×30％＋实验操作成绩×30％＋实验报告成绩×30％＋实验自评成绩×10％,成绩为百分制。

教师评语：

　　　　　　　　　　　　　　　　　　　　　　　　教师签字：

　　　　　　　　　　　　　　　　　　　　　　　　日期：

思考题

1. 触电有哪些危害？
2. 发生触电事故的主要原因有哪些？
3. 触电方式有哪些？
4. 什么是安全接地？有哪些形式？
5. 什么是漏电保护？
6. 触电发生后，应该怎样急救？
7. 生活中的安全用电规则有哪些？

生活小贴士：触电急救注意事项

1. 救护人员切不可直接用手、其他金属或潮湿的物件作为救护工具，而必须使用干燥绝缘的工具。救护人员最好只用一只手操作，以防自己触电。

2. 为防止触电者脱离电源后可能摔倒，应准确判断触电者倒下的方向，特别是触电者身在高处的情况下，更要采取防摔倒措施。

3. 人在触电后，有时会出现较长时间的"假死"，因此救护人员应耐心进行抢救，不可轻易中止。但注意不可轻易给触电者打强心针。触电后，即使触电者表面的伤害看起来不严重，也必须接受医生的诊治，因为身体内部可能会有严重的电流烧伤。

4. 现场急救贵在坚持，在医务人员来接替抢救前，现场人员不得放弃现场急救。

5. 心肺复苏应在现场就地进行，不要为了方便而随意移动伤员。

6. 对触电过程中的外伤特别是致命外伤也要采取有效的措施进行处理。

本章参考文献

[1] 吴新辉,汪祥兵. 安全用电[M]. 北京:中国电力出版社,2015:1-6.

[2] 李良洪,郭振东. 电工安全用电[M]. 北京:电子工业出版社,2015:8-10.

[3] 宋美清,等. 图解室内配线与照明[M]. 北京:中国电力出版社,2014:153-159.

[4] FLIR ThermaCAM™ E30 红外热像仪使用说明书.

第 8 章 防雷安全认知与实验

8.1 防雷安全基础知识

雷电灾害是联合国《国际减灾十年》公布的最严重的十种自然灾害之一。自然界每年都有几百万次闪电,全球每年因雷击造成的人员伤亡、财产损失不计其数,而且雷电造成的损失还在逐年上升。雷电灾害所涉及的范围几乎遍布各行各业。据不完全统计,我国每年因雷击以及雷击负效应造成的人员伤亡达四千人左右,财产损失达百亿元人民币。

认知并宣传雷电相关知识和安全防雷措施可以有效地防止我们在日常生活中受到雷击伤害。安全防雷,从小事做起,从自我做起。

8.1.1 认识雷电

雷电是大气中的放电现象,多形成在积雨云中,积雨云随着温度和气流的变化会不停地运动,运动中摩擦生电,就形成了带电荷的云层。某些云层带有正电荷,另一些云层带有负电荷。另外,由于静电感应常使云层下面的建筑、树木等有异性电荷。随着电荷的积累,雷云的电压逐渐升高,当带有不同电荷的雷云与大地凸出物相互接近到一定温度时(其间的电场超过 $25 \sim 30$ kV/cm),将发生激烈的放电,同时出现强烈的闪光。由于放电时温度高达 $2000 ℃$,空气受热急剧膨胀,随之发生爆炸轰鸣声,这就是闪电与雷鸣[1]。

雷电可分四种:

(1)直击雷,是云层与地面凸出物之间的放电形成的。

(2)球形雷,是一种球形、发红光或极亮白光的火球,运动速度大约为 2 m/s。球形雷能从门、窗、烟囱等通道侵入室内,极其危险。

(3)雷电感应,也称感应雷,分为静电感应和电磁感应两种。静电感应是由于雷云接近地面,在地面凸出物顶部感应出大量异性电荷所致。电磁感应是由于雷击后,巨大雷电流在周围空间产生迅速变化的强大磁场所致。

(4)雷电侵入波,雷电冲击波是由于雷击而在架空线路上或空中金属管道上产生的冲击电压沿线或管道迅速传播的雷电波。雷电可毁坏电气设备的绝缘,使高压窜入低压,造成严重的触电事故。例如,雷雨天,室内电气设备突然爆炸起火或损坏,人在屋内使用电器或打电话时突然遭电击身亡都属于这类事故。

8.1.2　雷电相关名词解释

(1)雷击(lightning stroke)[2]

雷击是指对地闪击中的一次放电。

(2)雷击点(point of strike)

雷击点是指闪击击在大地或其上突出物上的那一点。一次闪击可能有多个雷击点。

(3)雷电流(lightning current)

雷电流是指流经雷击点的电流。

(4)防雷装置(lightning protection system)(LPS)

用于减少闪击击于建(构)筑物上或建(构)筑物附近造成的物质性损害和人身伤亡,由外部防雷装置和内部防雷装置组成。

(5)外部防雷装置(external lightning protection system)

外部防雷装置由接闪器、引下线和接地装置组成。

(6)内部防雷装置(internal lightning protection system)

内部防雷装置由防雷等电位连接和与外部防雷装置的间隔距离组成。

(7)接闪器(air-termination system)

接闪器由拦截闪击的接闪杆、接闪带、接闪线、接闪网以及金属屋面、金属构件等组成。

(8)引下线(down-conductor system)

引下线是指用于将雷电流从接闪器传导至接地装置的导体。

(9)接地装置(earth-termination system)

接地体和接地线的总和,用于传导雷电流并将其流散入大地。

(10)接地体(earth electrode)

接地体是指埋入土壤中或混凝土基础中作散流用的导体。

(11)接地线(earthing conductor)

接地线是指从引下线断接卡或换线处至接地体的连接导体;或从接地端子、等电位连接带至接地体的连接导体。

(12)直击雷(direct lightning flash)

闪击直接击于建(构)筑物、其他物体、大地或外部防雷装置上,产生电效应、热效应和机械力。

(13)闪电静电感应(lightning electrostatic induction)

由于雷云的作用,使附近导体上感应出与雷云符号相反的电荷,雷云放电时,先导通道中的电荷迅速中和,在导体上的感应电荷得到释放,如没有就近泄入地中就会产生很高的电位。

(14)闪电电磁感应(lightning electromagnetic induction)

由于雷电流迅速变化在其周围空间产生瞬变的强电磁场,使附近导体上感应出很高的电动势。

(15)闪电感应(lightning induction)

闪电放电时,在附近导体上产生的雷电静电感应和雷电电磁感应,它可能使金属部件之间产生火花放电。

(16)闪电电涌(lightning surge)

闪电击于防雷装置或线路上以及由闪电静电感应或雷击电磁脉冲引发,表现为过电压、过电流的瞬态波。

(17)闪电电涌侵入(lightning surge on incoming services)

由于雷电对架空线路、电缆线路或金属管道的作用,雷电波,即闪电电涌,可能沿着这些管线侵入屋内,危及人身安全或损坏设备。

(18)防雷等电位连接(lightning equipotential bonding)(LEB)

将分开的诸金属物体直接用连接导体或经电涌保护器连接到防雷装置上以减小雷电流引发的电位差。

(19)等电位连接带(bonding bar)

将金属装置、外来导电物、电力线路、电信线路及其他线路连于其上以能与防雷装置做等电位连接的金属带。

(20)等电位连接导体(bonding conductor)

将分开的诸导电性物体连接到防雷装置的导体。

(21)等电位连接网络(bonding network)(BN)

将建(构)筑物和建(构)筑物内系统(带电导体除外)的所有导电性物体互相连接组成的一个网。

(22)接地系统(earthing system)

将等电位连接网络和接地装置连在一起的整个系统。

(23)防雷区(lightning protection zone)(LPZ)

划分雷击电磁环境的区,一个防雷区的区界面不一定要有实物界面。

8.1.3　建筑防雷接地

防雷装置是接闪器、引下线、接地装置的总和。接地装置是接地线和接地体的总和。防雷装置示意图如图 8-1 所示[3]。

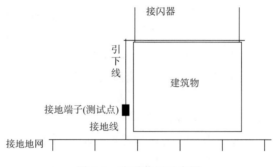

图 8-1　防雷装置示意图

建筑物的防雷主要针对的是直击雷。防直击雷电的避雷装置一般由三部分组成,即接闪器、引下线和接地体。

8.1.3.1　接闪器

接闪器是专门用来引导雷击的金属导体。可分为避雷针、避雷带(线)、避雷网以及兼作接闪的金属屋面和金属构件(如金属烟囱、风管)等。

(1)避雷针

避雷针是安装在建筑物最突出部位或独立装设的针形导体。由于尖端放电现象所以最容易把雷电流吸引过来,是"引雷针"。避雷针通常采用镀锌圆钢或镀锌钢管制成。

(2)避雷带

经验表明屋角和檐角的雷击率最高。对于那些屋顶平整,又没有突出结构(如烟囱等)的建筑物,避雷带就是对建筑物雷击率高的部位进行重点保护的一种接闪装置。

(3)避雷网

当建筑物较高、屋顶面积较大但坡度不大时,可采用避雷网作为屋面保护的接闪装置。网格间距 5 米或 10 米,越密可靠性越好。

(4)避雷带(网)的安装

避雷带和避雷网的安装可分为明装和暗装两种方式。明装适合安装在建筑物的屋脊、屋檐(坡屋顶)或屋顶边缘及女儿墙(平屋顶)等处,对建筑物易受雷击部位进行重点保护。暗装避雷网是利用建筑物内的钢筋做避雷网,它较明装避雷网美观,尤其是在工业厂房和高层建筑中应用较多。女儿墙上压顶为现浇混凝土时,可利用压顶板内的通长钢筋作为建筑物的暗装避雷带。

8.1.3.2　引下线

引下线是连接接闪器和接地装置的金属导体。

(1)引下线材料

采用圆钢时,直径不应小于 8 mm;采用扁钢时,其截面积不应小于 48 mm^2,厚度不应小于 4 mm。

（2）引下线安装

引下线应沿建筑物外墙明敷，并经最短路径接地；建筑艺术要求较高者可暗敷，但其圆钢直径不应小于 10 mm。明敷的引下线应镀锌，焊接处应涂防腐漆。

8.1.3.3　接地体

在满足接地电阻要求的前提下，防雷装置的接地体可以和其他接地装置共用（独立避雷针除外），也可以采用钢筋混凝土基础等自然导体作为防雷装置的接地体。

为了避免接地体受到机械损伤，以及减少气象条件对接地电阻的影响，接地体通常应埋入地下 0.5～0.8 m。

为了降低跨步电压，安装防直击雷接地装置时，距建筑物出入口和人行道的距离不小于 3 m。当小于 3 m 时，应采取下列措施之一：

（1）采用局部深埋，其深度不小于 1 m；

（2）采用沥青碎石地面；

（3）在接地装置上面敷设 50～80 mm 厚的沥青层，其宽度应超过接地装置 2 m；

（4）采用"帽檐式"均压带或其他形式的均压带。

8.1.3.4　接地一般要求

（1）所有的电气设备都应采用接地或接零。设计中应首先考虑自然接地。输送易燃易爆物质的金属管道不能做接地体。

（2）在允许不同的电气设备使用一个总的接地装置时，其接地电阻值应满足其中最小值的要求。

（3）接地极与独立避雷针接地极之间的地下距离不应小于 3 m。

（4）防雷保护的接地装置可与一般电气设备的接地装置相连接，并与埋地金属管道相互连接。

（5）专用电气设备的接地应与其他设备的接地以及防雷接地分开，并应单独设置接地装置。

8.1.4　建筑物防雷措施

8.1.4.1　防直击雷

采用避雷针、避雷带或避雷网。一般优先考虑采用避雷针。当建筑物上不允许装设高出屋顶的避雷针，同时屋顶面积不大时，可采用避雷带。若屋顶面积较大时，采用避雷网。

避雷针的防雷作用不在于避雷，而在于接受雷电流，并把雷电流安全地引入地下。因此，已被人们广泛采用的避雷针这一惯用名词，准确的应称作接闪器。接闪器引来雷电流,通过引下线和接地体安全地引导入地,使接闪器下面一定范围内的建筑物免遭直接雷击,该范围就是避雷针的保护范围[4]。

8.1.4.2 防感应雷(二次雷)

雷云通过静电感应效应在建筑物上产生的很高的感应电压,可通过将建筑物的金属屋顶、房屋中的大型金属物品,全部加以良好的接地处理来消除。雷电流通过电磁效应在周围空间产生的强大电磁场,使金属间隙产生的火花放电,或使金属回路发热,可用将相互靠近的金属物体全部可靠地连成一体并加以接地的办法来消除。

8.1.4.3 防传导雷(高电位侵入)

雷电波可能沿着各种金属导体、管路,特别是沿着天线或架空线引入室内,对人身和设备造成严重危害。对这些高电位的侵入,特别是对沿架空线引入雷电波的防护问题比较复杂,通常采用以下几种方法:

(1)配电线路全部采用地下电缆;

(2)进户线采用 50～100 m 长的一段电缆;

(3)在架空线进户之处,加装避雷器或放电保护间隙。

第 1 种方法最安全可靠,但费用高,故只适用于特殊重要的民用建筑和易燃易爆的大型工业建筑。后两种方法不能完全避免雷电波的引入,但可将引入的高电位限制在安全范围之内,故在实际中得到广泛采用。

8.1.5 防雷常识

8.1.5.1 户外防雷常识

(1)不要在建筑物顶部停留。

(2)不要进入孤立的棚屋、岗亭等,也不宜撑铁柄伞,更不能把金属工具扛在肩上。

(3)要远离建筑物外露的水管、煤气管等金属物体及电力设备,也不宜在铁栅栏、金属晒衣绳、架空金属体以及铁路轨道附近停留。

(4)不宜在水面和水边停留。在河里、湖泊、海滨游泳,在河边洗衣服、钓鱼、玩耍等都是很危险的。

(5)不宜在孤立的大树或烟囱下停留。如万不得已,则须与树干保持 3 m 距离,下蹲并双腿靠拢。

(6)不宜开摩托车、骑自行车。

(7)雷电交加时,头、颈、手外有蚂蚁爬走感,头发竖起,说明将发生雷击,应赶紧趴在地上,并丢弃身上佩戴的金属饰品和发卡、项链等,这样可以减少遭雷击的危险。

(8)当在户外看见闪电几秒钟内就听见雷声时,说明正处在靠近雷暴的危险环境,此时应停止行走,两脚并拢并立即下蹲,不要与人拉在一起或多人挤在一起,最好使用塑料雨具、雨衣等。

(9)应迅速躲入有防雷设施保护的建筑物内,或有金属顶的各种车辆及有金属壳体的船舱内。

(10)如果不具备以上条件,雷雨天气中,严禁奔跑,不要张嘴,应立即双膝下蹲,同时双手抱膝,胸口紧贴膝盖,尽量低下头,因为头部较之身体其他部位更易遭到雷击。

(11)如果在户外看到高压线遭雷击断裂,此时应提高警惕,因为高压线断点附近存在跨步电压,身处附近的人此时千万不要跑动,而应双脚并拢,跳离现场。

(12)特别提醒:夏天应多听、多看天气预报。当预报天气有雷电时,应尽量避免野外活动,以防止雷击造成生命危险。

(13)雷雨时,不要停留在山顶、湖泊、河边、沼泽地、游泳池等易受雷击的地方;最好不用带金属柄的雨伞。

(14)雷雨时,不能站在孤立的大树、电杆、烟囱和高墙下,不要乘坐敞篷车和骑自行车。避雨应选择有屏蔽作用的建筑或物体,如汽车、电车、混凝土房屋等。

(15)如果有人遭到雷击,应不失时机地进行人工呼吸和胸外心脏按压,并送医院抢救。

8.1.5.2　室内防雷常识

(1)为防止感应雷和雷电侵入波沿架空线进入室内,应将进户线最后一根支承物上的绝缘子铁脚可靠接地。

(2)雷雨时,应关好室内门窗,以防球形雷飘入;不要站在窗前或阳台上、有烟囱的灶前;应离开电力线、电话线、无线电天线 1.5 米以外。

(3)千万不要接触天线、水管、铁丝网、金属门窗、建筑物外墙,远离电线等带电设备或其他类似金属装置。

(4)雷雨时,不要使用家用电器,应将电器的电源插头拔下,切断与室外连接的所有导线。

(5)关闭手机。在雷电天气充电时,一定要等到天气好的时候(没有雷电时)切断电源拿下手机,防止引起雷电感应。以防万一,最好不要在雷雨天充电。

(6)雷雨时,不要洗澡、洗头,不要待在厨房、浴室等潮湿的场所。

8.2　雷击事故案例

8.2.1　户外雷击事件

2004 年 6 月 26 日下午 2 点多,浙江省临海市杜桥镇发生特大雷击事故,雷电击中了 3 棵紧挨着的大杉树,共 30 多人被击倒,有 17 人死亡。当年 18 岁的潘宗其当时也被雷电击倒,但只是脖子和左大腿受了一些轻伤。他回忆当时情景说,在前往现场的路上,天就已经开始下雨,并听到了第一声响亮的雷声。到了现场大约 10 分钟时,打了第二声雷,悲剧就在这时候发生了。在一处被建筑物四面环抱形成的空地左方 5 棵大杉树下,横七竖八地躺着 10 多具脸色灰黑、皮肤烧焦了的尸体,它们或穿鞋或光脚;尸身旁翻倒了很多长条凳、四五把雨伞;靠近尸体处,一彩色塑料棚瘫倒在地里。据当时村民说,在这几棵杉树下玩牌,已至少有一个多月了。不少病人经雷击之后,除了头部严重肿胀、衣服焦裂之外,身体的表面也严重受伤。经过雷击后,伤者的皮肤、肌肉、内脏甚至大脑的功能已遭到破坏甚至坏死。

杜桥镇这次雷击死伤 30 多人,主要因为缺乏预防雷电的常识(例如,雷雨天不应该在树下避雨,更不应该在树下玩牌),加之当时没有下太大的雨,使户外的人没有提高警惕及时回屋而酿成后果。此次雷击属于直击雷,周围没有比水杉更高的建设物,大树就成了接闪器,正好将雷电引入。由于当时地面有积水,村民又都赤脚穿着拖鞋,人体成了导电通道。

8.2.2　室内雷击事件

2007 年 5 月 23 日下午 4 时 34 分,重庆开县义和镇政府兴业村小学遭受到强大的雷电袭击,当时这所小学四年级和六年级各有一个班正在上课,一声雷击产生的巨响之后,教室里腾起一团黑烟,烟雾中两个班共 95 名学生和上课老师几乎全部倒在了地上,衣服、鞋子和课本碎屑撒了一地。此次雷击事件共造成兴业村小学四年级和六年级学生 7 人死亡、19 人重伤、20 人轻伤。

重庆市气象局经过勘查后发现,发生事故的小学教室并没有采取避雷措施,兴业村本来就地处雷电多发区,而兴业村小学位于一个山包上,位置突出,周围又有水田和水塘,再加上教室前面种有大树,种种因素都增加了雷击事故发生的概率。

此次雷击事故的原因,当时由于气象、环境、地理、地形的特殊因素,导致了这次雷击事故。第一,根据天气背景、发生事故时段,教室处于强雷暴天气控制区域范围。第二,教室所处的地理位置和地形特点及其建筑物自身性质容易遭受雷击。第三,距离教室两米左右有一排三棵大树,由于该大树的存在,增加了教室遭受雷击的概率。第四,教室无防雷装置,根据《建筑物防雷设计规范》,该教室可不做强制性的防雷要求,同时,该建筑物高度不足 15 米,主要原因是地理地形位置。事故教室遭受了多次雷电闪击,并伴有球形雷的发生,导致教室多次遭受雷击和人员伤亡。当雷电直接击中教室金属窗时,由于该金属窗未做接地处理,雷电流无处泄放,而靠近窗户的学生就成了雷电流泄放的通道,由于雷电的电效应和热效应造成人员伤亡。

8.3　防雷实验

8.3.1　防雷接地电阻测量实验

8.3.1.1　实验目的

(1)了解防雷技术。

(2)了解接地电阻测量仪的工作原理。

(3)学会用接地电阻测量仪测量接地电阻。

> 怎么测量防雷设施相关参数?

8.3.1.2　实验仪器

(1)接地电阻测量仪　　　　　　　　　3 套

(2)探针　　　　　　　　　　　　　　3 根

(3)导线(测量连接用)　　　　　　　　9 根

(4)配套工具包　　　　　　　　　　　3 套

8.3.1.3　实验原理

接地技术的引入最初是为了防止电力或电子等设备遭雷击而采取的保护性措施,目的是把雷电产生的雷击电流通过避雷针引入大地,从而起到保护建筑物的作用。同时,接地也是保护人身安全的一种有效手段,当某种原因引起的相线(如电线绝缘不良,线路老化等)和设备外壳碰触时,设备的外壳就会有危险电压产生,由此生成的电流就会经保护地线到大地,从而起到保护人身安全的作用。

接地电阻就是用来衡量接地状态是否良好的一个重要参数,是电流由接地装置流入大地再经大地流向另一接地体或向远处扩散所遇到的电阻。接地电阻包括:接地导线上的电阻、接地体本身的电阻、接地体与大地间的接触电阻和大地电阻。前两项电阻较小,测量接地电阻主要是后两项。接地电阻与接地金属体和大地的接触面积大小及接触程度的好坏有关,还与大地的湿度有关。当工程竣工时,必须进行一次接地电阻试验,以后还要定期进行试验。如果接地电阻值不符合要求时,需增加接地极或对土壤进行处理,以减小接地电阻,使之达到规定的要求。

现在很多电气设备和大型仪器都有接地装置,主要是为了防止设备由于发生击穿和漏电对人员安全造成威胁。接地电阻测试目的是测量在地下的接地装置电阻和土壤的散流电阻,这项测试是电力电气行业安全测试的重要项目之一。

接地电阻测试要求:

接地电阻测试仪应该平稳放置于测试地点 3 m 内,这样方便测试,检查接线头的接线柱是否接触良好,电位和电流接地探针分别插在接地体 20 m 和 40 m 处,探针和接地体应保持一条直线,不能在潮湿的环境或阴雨天进行测试,雨后必须在 7 个晴天之后才能测试。

各个应用中接地电阻标准要求:

(1)用于防雷保护的接地电阻应不大于 10 Ω;

(2)用于安全保护接地电阻应不大于 4 Ω;

(3)用于交流和直流工作接地电阻应不大于 4 Ω;

(4)用于防静电的接地电阻一般要求不大于 100 Ω;

(5)共用接地体应不大于 1 Ω。

测量接地电阻广泛使用的是接地电阻测量仪测量法。仪表的连接方法如图 8-2 所示。

仪表的发电机频率为 90~98 Hz,可以避免市电(50 Hz)的杂散电流干扰。在检流计电路中接入电容器,故在测试时不受大地的直流影响。

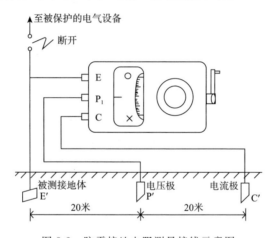

图 8-2 防雷接地电阻测量接线示意图

8.3.1.4 实验内容

(1)步骤

①沿被测接地体 E′使电压极 P′和电流极 C′依直线彼此相距 20 m,且电压极 P′系插于接地体 E′和电流极 C′之间。

②用导线将 E′、P′、C′连于仪表相应端钮。

③将仪表放置水平位置,检查检流计的指针是否指于中心线上,否则,可用零位调节器将其调整,使之指于中心线上。

④将倍率标度盘拨于乘 10 倍数档,慢慢转动发电机的摇把,同时转动测量标度盘,以使检流计的指针指于中心线上。

⑤当检流计的指针接近中心线时,加快发电机摇把的转速。使其达到每分钟

120 转以上,调整测量标度盘使指针指于中心线上。

⑥如测量标度盘的读数小于 1 时,应将倍率标度盘置于乘 1 的倍数档,再重新调整测量标度盘,以得到正确读数。

⑦用测量标度盘的读数乘以倍率标度的倍数即为所测的电阻值。在 $S = 20$ m 处所测得的电阻值即为该被测接地体的接地电阻 R。

⑧移动电压极 P′探针和电流极 C′探针,并始终保持如图 8-2 所示的直线彼此相距 20 m 的距离,多次测量建筑物的同一位置处的接地电阻,最后取平均值,即为建筑物的接地电阻值。

(2)具体实施

测量多栋建筑物的接地电阻,查阅对照《建筑物防雷设计规范》及其他相关标准,判断是否符合建筑物接地电阻要求。

8.3.1.5　实验安全要点

(1)本实验应在晴天进行,测量期间如遇天气转阴征兆,应立即停止实验,摘除测量线,撤离接地极附近,以防因雷击产生的二次放电及跨步电压电击伤人。

(2)电极布置时用到小锤、电极用探针(钢钎)等,使用过程注意防止机械伤害。

8.3.1.6　实验报告

(1)将测量情况(时间、地点、接地体形式、仪表型号等)及测量结果填入表 8-1 中。

(2)对测量结果进行分析。

表 8-1　接地电阻测量情况记录表

建筑物名称		接地体形式		天气情况	
测量时间		仪表编号		土壤状态	
测量地点		仪表型号		测量人员	
测次	1	2	3	4	5
接地电阻值					
平均值					

※※※※※※※※※※※※※※※※※※※※※※※※※※※※※※※※※※※※※※※

建筑物名称		接地体形式		天气情况	
测量时间		仪表编号		土壤状态	
测量地点		仪表型号		测量人员	
测次	1	2	3	4	5
接地电阻值					
平均值					

※※※※※※※※※※※※※※※※※※※※※※※※※※※※※※※※※※※※※※※

建筑物名称		接地体形式		天气情况	
测量时间		仪表编号		土壤状态	
测量地点		仪表型号		测量人员	
测次	1	2	3	4	5
接地电阻值					
平均值					

※※※

建筑物名称		接地体形式		天气情况	
测量时间		仪表编号		土壤状态	
测量地点		仪表型号		测量人员	
测次	1	2	3	4	5
接地电阻值					
平均值					

8.3.1.7 学生自评与教师评价

(1)学生自评

实验时间：＿＿＿＿＿＿＿　　　　　姓名：＿＿＿＿＿＿

实验地点：＿＿＿＿＿＿＿　　　　　学号：＿＿＿＿＿＿

学生自评：

学生签字：

日期：

(2)教师评价

分项	实验预习	实验操作	实验报告	实验自评	实验总评
成绩					
教师签字					

注:总评成绩＝实验预习成绩×30％＋实验操作成绩×30％＋实验报告成绩×30％＋实验自评成绩×10％,成绩为百分制。

教师评语：

教师签字：

日期：

8.3.2　氧化锌避雷器测试实验

8.3.2.1　实验目的

（1）了解氧化锌避雷器。

（2）了解氧化锌避雷器测试原理和方法。

（3）学会用氧化锌避雷器测试仪测量相关参数。

8.3.2.2　实验仪器

（1）氧化锌避雷器测试仪　　　　　　　2套

（2）配套工具包　　　　　　　　　　　2套

8.3.2.3　实验原理及主要设备简介

以 YTC620 氧化锌避雷器测试仪为例简要介绍设备[5]。

该氧化锌避雷器测试仪集直流高压电源、测量、控制系统为一体，将全部元器件浓缩在一个机箱内，体积小，重量轻，可携带到任何地方使用，现场只需接一根地线，一根高压线，按一下检测钮，即可完成全部项目的测量，是批量生产和观场试验的理想选择。

氧化锌避雷器测试仪采用自动控制原理对 1 mA 电流和 0.75 倍直流参考电压进行精密的闭环调整，采用微电脑控制测量过程，只需要按一个按钮就可以自动地测量氧化锌避雷器 1 mA 时的直流参考电压和 0.75 倍直流参考电压下的泄漏电流，整个过程只需 15 s，十分适合批量测量。

8.3.2.4　实验内容

使用氧化锌避雷器测试仪测量氧化锌避雷器 2 个参数：

（1）1 mA 时的直流参考电压；

（2）0.75 倍直流参考电压下的泄漏电流。

8.3.2.5　实验安全要点

（1）本实验应在晴天进行，测量期间如遇天气转阴征兆，应立即停止实验，摘除测量线，撤离接地极附近，以防因雷击产生的二次放电及跨步电压电击伤人。

（2）实验过程注意防止机械伤害。

8.3.2.6　实验报告

（1）将测量情况及测量结果以表格形式表达。

（2）对测量结果进行分析，并参照相关标准评价所测的氧化锌避雷器是否符合要求。

8.3.2.7　学生自评与教师评价

(1)学生自评

实验时间：＿＿＿＿＿　　　　　　　　姓名：＿＿＿＿＿

实验地点：＿＿＿＿＿　　　　　　　　学号：＿＿＿＿＿

学生自评：

学生签字：

日期：

(2)教师评价

分项	实验预习	实验操作	实验报告	实验自评	实验总评
成绩					
教师签字					

注:总评成绩＝实验预习成绩×30％＋实验操作成绩×30％＋实验报告成绩×30％＋实验自评成绩×10％,成绩为百分制。

教师评语：

教师签字：

日期：

思考题

1. 什么是雷电？分为哪几类？
2. 建筑物防雷接地系统由哪几部分组成？
3. 建筑物防雷接地有哪些基本要求？
4. 各类防雷建筑物的保护措施有哪些？
5. 简述户外、室内防雷常识。

生活小贴士：雷击急救

雷击发生后，应根据击伤程度迅速进行对症救治，同时向急救中心或医院等有关部门呼救。

1. 如果伤者未失去知觉，神志清醒，曾一度昏迷，心慌，四肢发麻，全身无力，应该就地休息 1～2 小时，并作严密观察；

2. 如果伤者已经失去知觉，但呼吸和心跳正常，应抬至空气清新的地方，解开衣服，用毛巾蘸冷水摩擦全身，使伤者身体发热，并迅速请医生前来诊治；

3. 如果伤者无知觉，抽筋，呼吸困难，并逐渐衰弱，但心脏还跳动，可采用口对口人工呼吸的方法进行救治；

4. 如果伤者已无知觉，抽筋，心脏停止跳动，仅有呼吸，可采用人工胸外心脏按压法进行救治；

5. 如果患者呼吸、脉搏、心跳都停止，应采用口对口人工呼吸和人工胸外心脏按压两种方法同时进行的方式进行救治。

本章参考文献

[1] 李良洪,郭振东.电工安全用电[M].北京:电子工业出版社,2015:127-128.
[2] 中华人民共和国住房和城乡建设部,中华人民共和国国家质量监督检验检疫总局.建筑物防雷设计规范:GB 50057—2010,2011:2-4.
[3] 肖稳安,张小青.雷电与防护技术基础[M].北京:气象出版社,2011:126-127.
[4] 周志敏,纪爱华,等.雷电防护技术[M].北京:中国电力出版社,2016:50-59.
[5] YTC620 氧化锌避雷器测试仪使用说明书.

第 9 章　消防安全认知与实验

9.1　消防安全基础知识

在各种灾害中,火灾是最经常、最普遍地威胁公众安全和社会发展的主要灾害之一。联合国"世界火灾统计中心"的统计数据显示,全世界每天发生火灾 1 万多起,造成数百人死亡。近几年来,我国平均每年发生火灾约 4 万起,死 2000 多人,伤 3000 多人,每年火灾造成的直接财产损失逾 10 亿元,尤其是死亡 30 人以上的特别重大火灾时有发生,给国家和人民的生命财产造成了巨大的损失。面对当今世界多发性灾害中发生频率较高的一种灾害——火灾,我们应该怎么办? 加强对消防安全知识的学习和科普宣传是一条很好的途径,利人利己,利国利民。

每年的 11 月 9 日是全国消防日。11 月 9 日中这 3 个阿拉伯数字与火灾报警电话"119"通形同序,而且"1"在古时候念作"幺"(yāo),它跟"要"字同音,"119"谐音是"要要救",十分方便记忆。自 1992 年起把 11 月 9 日这一天定为全国消防日。

9.1.1　消防安全常用名词

表 9-1　消防安全常用名词解释

名词	解释
火灾	时间或空间上失去控制的燃烧所造成的灾害事件
闪燃	当可燃液体升温至一定温度,蒸气达到一定的浓度时,在有火焰或炽热物体靠近液体表面,发生的一闪即灭的燃烧
闪点	液体发生闪燃的最低温度
着火	可燃物在空气中受着火源的作用而发生持续燃烧的现象
燃点	可燃物开始持续燃烧所需的最低温度
自燃	可燃物在空气中没有受到火的作用,靠自热或外热发生燃烧的现象
自燃点	可燃物受热至一定温度时,不与火源接触能自行发生持续燃烧的最低温度
爆炸	由于物质急剧氧化或分解反应产生温度、压力增加的现象
爆炸极限	可燃气体、蒸气、粉尘与空气的混合物,必须在一定的浓度范围内遇引火源才能发生爆炸,这个浓度范围叫做爆炸极限
爆炸上限	爆炸极限的最高浓度称为爆炸上限
爆炸下限	爆炸极限的最低浓度称为爆炸下限

9.1.2　燃烧基本条件及防火灭火基本方法

9.1.2.1　燃烧基本条件

燃烧过程的发生和发展,必须具备三个基本条件:可燃物、助燃物、点火源。只有在三个条件同时具备的情况下,可燃物质才能发生燃烧,三个条件缺少任意一个,燃烧都不能发生[1]。

(1)可燃物

凡是能与空气中的氧或其他氧化剂起化学反应的物质均称为可燃物。如木材、煤、硫、汽油、乙醇、苯、氢气、甲烷、一氧化碳等。

(2)助燃物

能帮助和支持可燃物燃烧的物质称为助燃物。通常我们所说的助燃物指的是氧气。

(3)点火源

点火源是指供给可燃物与助燃物发生燃烧反应的能量来源。一般分为直接火源和间接火源两大类。

①直接火源

a.明火:指生产、生活中的炉火、灯火、焊接火花,吸烟火,撞击火花、摩擦打火,车辆尾气火星。

b.电弧、电火花:指电气设备、电气线路、电气开关及漏电打火;电话、手机等通信工具产生的火花,静电火花。

c.瞬间高压放电的雷击。

②间接火源

a.高温:指高温加热、烘烤、炽热不散、机械设备故障发热、摩擦生热等。

b.自燃起火。

9.1.2.2　防火基本方法

防火的所有措施都是以防止燃烧的三个基本条件同时出现为目的。基本方法:

(1)控制可燃物

控制可燃物即排除发生火灾爆炸事故的物质条件,防止形成爆炸介质。用非燃或不燃材料代替易燃或可燃材料;采取局部通风或全部通风的方法,降低可燃气体、蒸气和粉尘的浓度;对能相互作用发生化学反应的物品分开存放。如在油品生产、储存、运输环节中搞好消防安全管理,防止泄漏、扩散或与空气混合形成爆炸性混合气体。

(2)隔绝助燃物

隔绝助燃物就是使可燃性气体、液体、固体不与空气、氧气或其他氧化剂等助燃物接触,即使有点火源的作用,也因为没有助燃物的参与而不发生燃烧。

(3)消灭点火源

消灭点火源就是要及时消除明火,消除电气火花,防止静电火花,防止雷击,防止摩擦撞击打火,避免暴晒等。

(4)阻止火势蔓延

阻止火势蔓延就是防止火焰或火星等火源窜入有燃烧、爆炸危险的设备、管道或其他空间,或阻止火焰在设备和管道中扩展,或把燃烧限制在一定范围内不致向外延烧。

9.1.2.3　灭火基本方法

(1)隔离灭火法

隔离灭火是根据发生燃烧必须具备可燃物这个条件,将燃烧物与附近的可燃物隔离或分散开,使燃烧停止。隔离灭火法是一种比较常用的灭火方法,适用于扑救各种固体、液体和气体火灾。例如在火灾中,关闭管道阀门,切断流向火区的可燃气体和液体管道,拆除与火源相连的易燃建筑物,搬走火源附近的可燃物等方法都属于隔离灭火法。

(2)冷却灭火法

冷却灭火是根据可燃物发生燃烧时必须达到一定的温度这个条件,将灭火剂直接喷洒在正在燃烧的物体上,使可燃物质的温度降至燃点以下,使燃烧停止。用水冷却灭火,是扑救火灾的常用方法。二氧化碳灭火剂冷却效果更好,在迅速气化时能够吸收大量的热,很快降低燃烧区的温度,终止燃烧。

(3)窒息灭火法

窒息灭火是根据可燃物质发生燃烧通常需要足够的助燃物(通常是空气中的氧)这个条件,采取适当措施来防止空气流入燃烧区,如用湿棉毯、湿麻袋、湿棉被、湿帆布、干沙等不燃物或难燃材料覆盖燃烧物或封闭孔洞,隔绝空气,使燃烧停止;或者用惰性气体稀释空气中氧的含量,如用水蒸气、惰性气体充入燃烧区域内,封闭燃烧区,阻止新鲜空气流入,使燃烧物质因缺少或断绝氧而熄灭。窒息灭火法,适用于扑救封闭性较强的空间或设备容器内的火灾。

(4)化学抑制灭火法

化学抑制灭火就是使灭火剂参与燃烧链式反应,使燃烧过程中发生的自由基快速消失,形成稳定分子,进而使燃烧反应停止。如用含氮的化学灭火器喷射到燃烧物上,使灭火剂参与到燃烧中,发生化学作用,覆盖火焰使燃烧的化学连锁反应中断,实现灭火。

9.1.3　火灾等级分类

根据公安部 2007 年 6 月 26 日下发的《关于调整火灾等级标准的通知》,新的火灾等级标准由原来的特大火灾、重大火灾、一般火灾三个等级调整为特别重大火灾、重大火灾、较大火灾和一般火灾四个等级。

(1)特别重大火灾

特别重大火灾指造成30人以上死亡,或者100人以上重伤,或者1亿元以上直接财产损失的火灾。

(2)重大火灾

重大火灾指造成10人以上30人以下死亡,或者50人以上100人以下重伤,或者5000万元以上1亿元以下直接财产损失的火灾。

(3)较大火灾

较大火灾指造成3人以上10人以下死亡,或者10人以上50人以下重伤,或者1000万元以上5000万元以下直接财产损失的火灾。

(4)一般火灾

一般火灾,指造成3人以下死亡,或者10人以下重伤,或者1000万元以下直接财产损失的火灾。

注:"以上"包括本数,"以下"不包括本数。

9.1.4　火灾分类及灭火措施

(1)火灾分类[2]

根据可燃物的类型和燃烧特性,火灾分为A、B、C、D、E、F六类。

A类火灾:指固体物质火灾。此类物质通常具有有机物质性质,一般在燃烧时能产生灼热的余烬。如木材、煤、棉、毛、麻、纸等产生的火灾。

B类火灾:指液体或可熔化的固体物质火灾。如煤油、柴油、原油、甲醇、乙醇、沥青、石蜡等产生的火灾。

C类火灾:指气体火灾。如煤气、天然气、甲烷、乙烷、丙烷、氢气等产生的火灾。

D类火灾:指金属火灾。如钾、钠、镁、铝镁合金等产生的火灾。

E类火灾:带电火灾。物体带电燃烧的火灾。

F类火灾:烹饪器具内的烹饪物(如动植物油脂)产生的火灾。

(2)灭火措施

扑救A类火灾可选择水型灭火器、泡沫灭火器、磷酸铵盐干粉灭火器、卤代烷灭火器。

扑救B类火灾可选择泡沫灭火器(化学泡沫灭火器只限于扑灭非极性溶剂)、干粉灭火器、卤代烷灭火器、二氧化碳灭火器。

扑救C类火灾可选择干粉灭火器、卤代烷灭火器、二氧化碳灭火器等。

扑救D类火灾可选择粉状石墨灭火器、专用干粉灭火器,也可用干砂、干土或铸铁屑末代替。

扑救 E 类火灾可选择干粉灭火器、卤代烷灭火器、二氧化碳灭火器等。带电火灾包括家用电器、电子元件、电气设备(计算机、复印机、打印机、传真机、发电机、电动机、变压器等)以及电线电缆等燃烧时仍带电的火灾,而顶挂、壁挂的日常照明灯具及起火后可自行切断电源的设备所发生的火灾则不应列入带电火灾的范围。

扑救 F 类火灾可选择干粉灭火器。

9.1.5　常用灭火器及灭火剂使用范围

9.1.5.1　常用灭火器分类

常见的灭火器有 MP 型、MPT 型、MF 型、MFT 型、MFB 型、MY 型、MYT 型、MT 型、MTT 型。第一个字母 M——表示灭火器;第二个字母 F——表示干粉,P 表示泡沫,Y 表示卤代烷,T 表示二氧化碳;有第三个字母 T 的是表示推车式,B 表示背负式,没有第三个字母的表示手提式。

灭火器按其移动方式可分为手提式和推车式;按驱动器灭火剂的动力来源可分为储气瓶式、储压式、化学反应式;按所充装的灭火剂可分为清水灭火器、二氧化碳灭火器、干粉灭火器、泡沫灭火器、卤代烷灭火器、酸碱灭火器等。

9.1.5.2　常用灭火剂的使用范围

(1)水

水是最常用的灭火剂之一,可用于扑救一般固体物质的火灾,如煤炭、木质物品、粮草、棉麻、橡胶、纸张等产生的火灾,还可以扑救闪点在 120℃ 以上、常温下呈凝固状态的重油火灾,但不能扑救闪点低于 37.8℃ 的可燃液体火灾。

(2)二氧化碳灭火剂

适合扑救各种易燃液体和易受水、泡沫、干粉等灭火剂侵蚀的固体物质的火灾。另外,二氧化碳是一种不导电的物质,故又能扑救电气火灾。

(3)干粉灭火剂

干粉灭火剂按其使用范围,主要分为 BC 型和 ABC 型干粉灭火剂两大类。BC 型干粉灭火剂主要适用于扑救液体火灾及天然气和液化石油气等气体火灾和带电设备火灾。ABC 型干粉灭火剂不仅适用于扑救液体、气体及带电设备火灾,还适用于扑救固体火灾。

(4)泡沫灭火剂

主要用于扑救非水溶性液体火灾及一般固体火灾,如乙醇、甲醇、丙酮等产生的火灾。

(5)卤代烷灭火剂

卤代烷灭火剂具有灭火效率高、灭火后不留痕迹、药剂本身绝缘好等特点,适用于扑救各种易燃液体、气体、精密仪器和电气火灾。

9.1.6　救火一般原则

火灾燃烧阶段分为初起阶段、发展阶段、猛烈阶段、下降阶段、熄灭阶段,救火最好在火灾初起阶段进行,并应坚持以下基本原则。

(1)尽早报警

发生火灾时应沉着冷静、及时准确地尽早报警。简明扼要地报出起火地点和部位、燃烧物、火势大小、报警人电话号码等,同时派人到消防车可能来到的路口接应,并主动及时地介绍火灾情况。

(2)积极扑救

要及时扑救初起火灾,在初起阶段由于燃烧面积小,燃烧强度弱,是扑救的最有利时机,只要不错过时机,可以用很少的灭火器材就可以扑灭。因此要就地取材,不失时机地扑灭初起火灾。

(3)先控制火灾

在灭火时,应首先切断可燃物来源,争取灭火一次成功。

(4)救人第一

在发生火灾时,如果人受到火灾的威胁,应贯彻执行救人第一、救人与灭火同步进行的原则,先救人后疏散物资。

(5)防中毒或窒息

在扑救有毒物品火灾时要正确选用灭火器材,尽可能站在上风向,必要时要佩戴面具,以防中毒或窒息。

(6)沉着冷静听指挥

平时加强对防火灭火知识的学习,积极参加消防训练,才能做到一旦发生火灾不会惊慌失措。

9.1.7　火场疏散逃生常识

如何在火场疏散逃生,取决于自己掌握自救知识和自救能力,平时应注意积累自救知识,看明白楼房示意图,选择好逃生路线[3]。

(1)火灾袭来时要迅速逃生,不要贪恋财物。

(2)遇火灾不可乘坐电梯,要向安全出口方向逃生。

(3)受到火势威胁时,要当机立断披上浸湿的衣服、被褥等向安全出口方向冲出去。

(4)若在低楼层居住,可利用绳索或把床单被套撕成条状连成绳索,拴在窗框,顺绳滑下。

(5)遇浓烟时,要尽量使身体贴近地面,并用湿毛巾捂住口鼻。

(6)身上着火时,千万不要奔跑,可就地打滚或用厚重的衣物压住火苗。

（7）发现门发烫时，千万不要开门，要用浸湿的被褥、衣物等堵住门窗缝隙，并泼水降温。

（8）若所有逃生路线被火封锁，要立即退回室内用挥舞衣物、呼叫等方式向窗外发送求救信号，等待救援。

9.2　火灾事故案例

9.2.1　天津港"8·12"特别重大火灾爆炸事故

2015 年 8 月 12 日 22 时 51 分 46 秒，位于天津市滨海新区吉运二道 95 号的瑞海公司危险品仓库运抵区最先起火，23 时 34 分 06 秒发生第一次爆炸，23 时 34 分 37 秒发生第二次更剧烈的爆炸。事故现场形成 6 处大火点及数十个小火点，8 月 14 日 16 时 40 分，现场明火被扑灭。

事故中心区为此次事故中受损最严重区域，该区域东至跃进路、西至海滨高速、南至顺安仓储有限公司、北至吉运三道，面积约为 54 万平方米。两次爆炸分别形成一个直径 15 m、深 1.1 m 的月牙形小爆坑和一个直径 97 m、深 2.7 m 的圆形大爆坑。以大爆坑为爆炸中心，150 m 范围内的建筑被摧毁，东侧的瑞海公司综合楼和南侧的中联建通公司办公楼只剩下钢筋混凝土框架；堆场内大量普通集装箱和罐式集装箱被掀翻、解体、炸飞，形成由南至北的 3 座巨大堆垛，一个罐式集装箱被抛进中联建通公司办公楼 4 层房间内，多个集装箱被抛到该建筑楼顶；参与救援的消防车、警车和位于爆炸中心南侧的吉运一道和北侧吉运三道附近的顺安仓储有限公司、安邦国际贸易有限公司储存的 7641 辆商品汽车和现场灭火的 30 辆消防车在事故中全部损毁，邻近中心区的贵龙实业、新东物流、港湾物流等公司的 4787 辆汽车受损。

事故造成 165 人遇难（参与救援处置的公安现役消防人员 24 人、天津港消防人员 75 人、公安民警 11 人，事故企业、周边企业员工和周边居民 55 人），8 人失踪（天津港消防人员 5 人，周边企业员工、天津港消防人员家属 3 人），798 人受伤住院治疗（伤情重及较重的伤员 58 人、轻伤员 740 人）；304 幢建筑物（其中办公楼宇、厂房及仓库等单位建筑 73 幢，居民 1 类住宅 91 幢、2 类住宅 129 幢、居民公寓 11 幢）、12428 辆商品汽车、7533 个集装箱受损。

截至 2015 年 12 月 10 日，事故调查组依据《企业职工伤亡事故经济损失统计标准》（GB 6721—1986）等标准和规定统计，已核定直接经济损失 68.66 亿元人民币，其他损失尚需最终核定。

最终认定事故直接原因是：瑞海公司危险品仓库运抵区南侧集装箱内的硝化棉由于湿润剂散失出现局部干燥，在高温（天气）等因素的作用下加速分解放热，积热自燃，引起相邻集装箱内的硝化棉和其他危险化学品长时间大面积燃烧，导致堆放于运抵区的硝酸铵等危险化学品发生爆炸。

9.2.2　人员密集场所火灾事故

【案例1】　2015 年 1 月 2 日 13 时许,哈尔滨市北方南勋陶瓷大市场仓库发生火灾事故。起火地点为三层仓库,过火面积 1.1 万 m²,楼房坍塌 3000 m²,燃烧 40 多个小时的火灾得到控制,共造成 5 名消防战士死亡,14 人受伤。起火的仓库位于 11 层高的居民楼,1~3 层为仓库,其余为居民住宅。火灾最初只是近千平方米的过火范围,但由于库房内存放的多为易燃物品,导致大火迅速蔓延。由于火场所在地为房龄 20 年以上的老旧小区,街道狭窄,车辆、人员密集,加上防火通道设计不合理、楼体结构空间布局不合理等多重因素叠加,造成施救困难,消防车辆初期无法近前救援。

【案例2】　2015 年 1 月 14 日 12 时 35 分,广西桂林市资源县河西路盛凯大酒店厨房突发大火,资源县消防大队出动 3 辆水罐消防车,21 名官兵火速赶赴现场,现场过火面积为 480 m²,造成 3 人死亡,直接财产损失为 180 万元。起火原因是盛凯大酒店在承办喜宴过程中用火不慎引发厨房起火所致。

【案例3】　2015 年 2 月 5 日 13 时 51 分,广东惠州市惠东大道义乌小商品批发城 4 楼仓库突发大火,广东省消防总队调派 45 辆消防车,270 名消防官兵到场扑救,该商场为四层钢混结构,单层面积约 3800 m²,总建筑面积约 15000 m²,其中一至三层为餐饮和经营日用百货,四层为百货,电影院和库房,着火层位于四层,经消防官兵 17 个小时的全力扑救,大火于次日 6 时 30 分被扑灭,该起火灾过火面积约 3800 m²。火灾造成 17 人死亡,9 人受伤。起火原因是由一个 9 岁男孩使用打火机点燃通道堆放货物所致。

【案例4】　2015 年 5 月 25 日 20 时左右,河南省鲁山县城西琴台办事处三里河村的一个老年康复中心发生火灾,着火宿舍共有 51 个床位,当晚有 44 人居住。火灾导致 38 人遇难,2 人重伤,4 人轻伤,44 位老人无人顺利逃出,伤者已送医院救治。火灾起因是电气线路故障,由于该建筑使用彩钢板搭建,其板芯为易燃材料,着火后燃烧十分迅速并产生大量有毒烟气,造成大量人员伤亡。

9.2.3　校园火灾事故

【案例1】　2000 年 1 月 19 日,美国新泽西州西顿·霍尔大学的一幢六层学生宿舍楼发生火灾,造成 3 人死亡、58 人受伤,其中 4 人伤势严重。当地时间 19 日凌晨 4 时 30 分,一阵警报声将住在楼内的 640 多名学生惊醒,大火随后迅速蔓延,学生纷纷夺门而逃,部分学生还从窗口跳楼逃生。尽管大火很快被消防人员扑灭,但还是造成 61 人伤亡的惨剧。因为发生火灾,这所拥有 1 万多名学生的大学被迫停课。

【案例2】　2003 年 11 月 24 日凌晨,俄罗斯莫斯科人民友谊大学学生宿舍发生火灾。火灾造成 41 名学生死亡,近 200 名学生受伤,其中中国留学生死亡 11 人,受伤 46 人。

【案例 3】　2002 年 9 月 8 日 21 时 39 分,北京某大学研究生公寓 1 号楼 3 层 324 室发生火灾,北京市公安局消防局 119 调度指挥中心迅速调集 7 个消防中队、38 辆消防车前往现场进行扑救,火灾于当晚 23 时扑灭。火灾中共有 3 间宿舍被烧毁,2 间宿舍部分被烧,过火面积 80 余平方米。经查,火灾原因系该宿舍学生姜某某,于当晚 19 时 30 分使用“热得快”在暖壶里烧开水,水烧开后未及时断电,致使“热得快”长时间通电干烧,导致发生火灾,直接经济损失 10 万余元。

【案例 4】　2008 年 11 月 14 日早晨 6 时 10 分左右,上海商学院徐汇校区一学生宿舍楼发生火灾,火势迅速蔓延导致烟火过大,4 名女生在消防队员赶到之前从 6 楼宿舍阳台跳楼逃生,不幸全部遇难。火灾事故初步判断原因是,寝室里使用“热得快”引发电器故障并将周围可燃物引燃所致。

【案例 5】　2008 年 5 月 5 日中央民族大学某宿舍发生火灾,着火后楼内到处弥漫着浓烟,楼层能见度更是不足 10 米。着火的宿舍楼可容纳学生 3000 余人。火灾发生时大部分学生都在楼内,所幸消防员及时赶到将学生紧急疏散,才没有造成人员伤亡。宿舍最初起火部位为物品摆放架上的接线板部位,当时该接线板插着两台可充电台灯,以及引出的另一接线板。该接线板部位因用电器插头连接不规范,且长时间充电造成电器线路发生短路,火花引燃该接线板附近的布帘等可燃物蔓延向上造成火灾。事发后校方在该宿舍楼进行检查,发现 1300 余件违规使用的电器。

9.3　灭火实验

9.3.1　灭火器灭火实验

9.3.1.1　实验目的

(1)了解常见灭火方式及原理。

(2)了解灭火器使用常识及注意事项。

(3)熟悉灭火器材的使用及错误使用带来的后果。

生活中遇到火灾时,你知道怎样安全有效灭火吗?

9.3.1.2　实验仪器及材料

(1)泡沫灭火器(小型)　　　　　　　2 个

(2)二氧化碳灭火器(小型)　　　　　2 个

(3)干粉灭火器(小型)　　　　　　　2 个

(4)清水灭火器(小型)　　　　　　　2 个

(5)木材火盆(小型)	1个
(6)汽油火盆(小型)	1个
(7)气体燃烧装置(具体以甲烷为例)	1套
(8)镁火盆(微型)	1个
(9)磷火盆(微型)	1个
(10)烘干沙土	若干

9.3.1.3　实验原理及内容

(1)常见灭火器使用方法

①泡沫灭火器

可手提筒体上部的提环,奔扑火场时注意不得使灭火器过分倾斜,更不可横拿或颠倒,以免两种药剂混合而提前喷出。当距离着火点 10 m 左右,即可将筒体颠倒过来,一只手紧握提环,另一只手扶住筒体的底圈,将射流对准燃烧物。在扑救可燃液体火灾时,如已呈流淌状燃烧,则将泡沫由远而近喷射,使泡沫完全覆盖在燃烧液面上;如在容器内燃烧,应将泡沫射向容器的内壁,使泡沫沿着内壁流淌,逐步覆盖着火液面。切忌直接对准液面喷射,以免由于射流的冲击,反而将燃烧的液体冲散或冲出容器,扩大燃烧范围。在扑救固体物质火灾时,应将射流对准燃烧最猛烈处。灭火时随着有效喷射距离的缩短,使用者应逐渐向燃烧区靠近,并始终将泡沫喷在燃烧物上,直到扑灭。使用时,灭火器应始终保持倒置状态,否则会中断喷射。

②二氧化碳灭火器

在距燃烧物 5 m 左右,放下灭火器拔出保险销,一手握住喇叭筒根部的手柄,另一只手紧握启闭阀的压把。对没有喷射软管的二氧化碳灭火器,应把喇叭筒往上扳 70°～90°。使用时,不能直接用手抓住喇叭筒外壁或金属连线管,防止手被冻伤。灭火时,当可燃液体呈流淌状燃烧时,应由近而远向火焰喷射。如果可燃液体在容器内燃烧时,使用者应将喇叭筒提起。从容器的一侧上部向燃烧的容器中喷射。但不能将二氧化碳射流直接冲击可燃烧面,以防止将可燃液体冲出容器而扩大火势。

注意事项:

在室外使用时,应选择在上风向喷射;在室内窄小空间使用时,灭火后操作者应迅速离开,以防窒息。

③干粉灭火器(手提式)

灭火器使用前,必须检查压力是否有效;将灭火器上下用力摆动几次;拔掉保险销,一手握住提把,另一只手握紧喷管,迅速前往着火点 1.5 m 左右距离,对准火焰根部,用力按下压把开关,直至喷射灭火剂;由远及近左右扫射向前推进将火扑灭;一旦火扑灭后,立即放松压把,灭火剂停止喷射。

注意事项：

手提式干粉灭火器必须竖立使用；保险销拔掉后，喷管口禁止对人，以防伤害；灭火时，操作者必须处于上风方操作；注意控制灭火点的有效距离和使用时间。

（2）实验步骤

①在户外点燃木材火盆，在刚开始燃烧时和火势较旺时分别用泡沫灭火器、二氧化碳灭火器、干粉灭火器和清水灭火器进行灭火，记录下灭火情况，完成实验表格。

②在户外，将明火靠近汽油上方，观察是否闪燃；分别点燃汽油火盆和甲烷气体燃烧装置，分别用泡沫灭火器、二氧化碳灭火器、干粉灭火器和清水灭火器进行灭火，记录下灭火情况，完成实验表格。

③将磷火盆放置在户外阳光下，观察磷是否自燃；在户外，分别点燃镁火盆和磷火盆，分别用泡沫灭火器、二氧化碳灭火器、干粉灭火器、清水灭火器和烘干沙土进行灭火，记录下灭火情况，完成实验表格。

9.3.1.4　实验安全要点

（1）正确使用灭火器，防止因灭火器使用不当造成人身伤害。

（2）与火灾现场保持适当的距离，并且站在上风方灭火。

（3）未经老师允许不得随意触碰实验器材。

9.3.1.5　实验报告

（1）将 A 类火灾（以木材为例）灭火情况填入表 9-2。

表 9-2　A 类火灾（以木材为例）灭火情况表

	泡沫灭火器	二氧化碳灭火器	干粉灭火器	清水灭火器
开始燃烧时				
火势较旺时				

（2）将 B 类火灾（以汽油为例）和 C 类火灾（以甲烷为例）灭火情况填入表 9-3。

表 9-3　B 类火灾（以汽油为例）和 C 类火灾（以甲烷为例）灭火情况表

	泡沫灭火器	二氧化碳灭火器	干粉灭火器	清水灭火器
汽油火盆				
甲烷气体燃烧装置				

（3）分析加油站禁止使用手机的原因。

(4)将 D 类火灾(以镁、磷为例)灭火情况填入表 9-4。

表 9-4　D 类火灾(以镁、磷为例)灭火情况表

	泡沫灭火器	二氧化碳灭火器	干粉灭火器	清水灭火器	烘干沙土
镁					
磷					

(5)结合实验,分析 D 类火灾应该如何灭火。

9.3.1.6　学生自评与教师评价

(1)学生自评

实验时间：＿＿＿＿＿＿＿＿＿　　　　　　　姓名：＿＿＿＿＿＿＿＿

实验地点：＿＿＿＿＿＿＿＿　　　　　　　　学号：＿＿＿＿＿＿＿＿

学生自评：

学生签字：

日期：

(2)教师评价

分项	实验预习	实验操作	实验报告	实验自评	实验总评
成绩					
教师签字					

注:总评成绩＝实验预习成绩×30％＋实验操作成绩×30％＋实验报告成绩×30％＋实验自评成绩×10％,成绩为百分制。

教师评语：

教师签字：

日期：

9.3.2　喷淋灭火系统实验

9.3.2.1　实验目的

(1)认识感烟探测器并熟悉其工作原理。

(2)理解"伺应状态"的工程概念和基本操作。

(3)熟悉湿式报警阀、气压罐、水流指示器、压力开关
等设备的工作原理。

(4)掌握通过"试验阀"调试喷淋灭火系统的基本操作。

(5)掌握喷淋灭火系统的基本工作过程及灭火操作过程。

> 楼宇中经常见到的喷淋灭火系统是怎么工作的？

9.3.2.2　实验仪器及材料

(1)喷淋灭火系统实训装置　　　　　　　　　　1 套

(2)自来水　　　　　　　　　　　　　　　　　200 L

9.3.2.3　实验设备简介

以 THPPL-1 型喷淋灭火系统实训装置为例简要介绍设备情况[4]。

(1)喷淋灭火系统控制对象结构

喷淋灭火系统实训装置为湿式喷水灭火系统,构成该系统的主要部件有:喷淋水泵、气压罐、湿式报警阀、水力警铃、延迟器、压力开关、水流指示器、封闭式洒水喷头、试验阀、火灾探测器、火灾报警器、灭火控制柜等设备。喷淋灭火模拟系统基本结构如图 9-1 所示。

(2)喷淋灭火区域划分及各设备的功能

①灭火区

灭火区为两层结构设计,用于模拟建筑物内部的两个楼层,靠近水箱的为第一层,顶端的为第二层;第一层设有 1 个感烟探测器、1 个水流指示器、1 个试验阀、3 个玻璃球自动洒水喷头和 1 个电磁阀,第二层设有 1 个感烟探测器、1 个水流指示器、1 个试验阀、3 个玻璃球自动洒水喷头。请在对象装置上找到相应的设备,熟悉其外观结构和安装位置。

②泵房区

从正面看喷淋灭火控制对象,在对象的底部从左到右依次为储水箱、喷淋水泵和气压罐。请在对象上找到相应的设备,熟悉其外观结构和安装位置。

③控制区

控制区主要包含了湿式报警阀和灭火控制柜两大部分,其中湿式报警阀包含了湿式报警阀阀体、信号蝶阀、延迟器、水力警铃、压力开关和位于上、下腔的两个压力表。请在对象上找到相应的设备,熟悉其外观结构和安装位置。

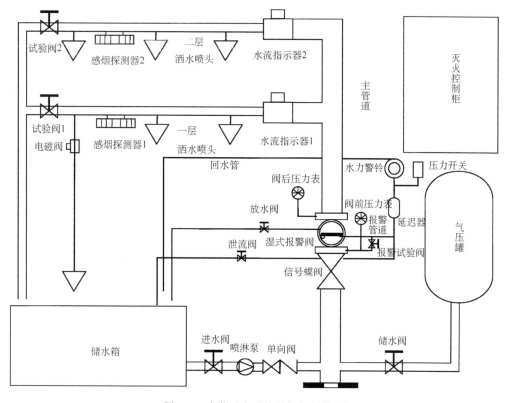

图 9-1　喷淋灭火系统的框架结构图

④主要设备应用功能说明

a.封闭式洒水喷头

当发生火灾时,环境温度上升,超过 68℃,玻璃球破碎喷水,实现灭火功能。

b.湿式报警阀

自动喷水灭火系统核心部件,起着向喷水灭火区单向供水和在规定流量下报警的作用。

c.气压罐

气压罐用于稳定和补充系统的压力,当管道漏水时,气压灌内的压力可以补偿因漏水造成的压力损失,使报警阀两端的压力平衡;火灾发生时,从检测信号开始到消防泵启动需要一定的延时时间,在这段时间内由储存在气压罐内的压力水向消防管网供水。

d.水力警铃

当系统启动灭火时,水流冲击水力警铃叶轮旋转,从而带动铃锤,发出连续而响亮的报警声,实现火灾报警。

e.水流指示器

水流指示器主要应用在自动喷水灭火系统之中,通常安装在每层楼的横干管或分区干管上,对干管所辖区域,作监控及报警作用;当某区域发生火警,喷水灭火,输水管中的水流推动水流指示器的桨片,通过传动组件,令微动开关动作,使其常开触点接通,讯号传至消防报警中心,显示出该区域发生火警。

f.末端试水装置(试验阀)

末端试水装置是自动喷水灭火系统的一种必要组件,安装于系统管网的末端,便于检验系统的启动、报警和联动功能是否处于伺应状态。

g.灭火控制柜

灭火控制柜具有运行状态指示、消防报警和喷淋灭火自动控制功能。

9.3.2.4　实验内容

(1)喷淋灭火系统伺应状态操作

①将"喷淋泵工作方式"旋钮拨到"手动"位置,将"火灾模拟"旋钮拨到"停止"位置,将"控制方式"旋钮拨到"本地"位置,打开"三相电源总开关",给控制柜通电;

②摇动信号蝶阀手轮,使信号蝶阀开启,控制柜上的信号蝶阀指示灯亮;

③关闭对象中第一层和第二层的试验阀,使报警延迟器下端的"泄流阀"半开,按下"喷淋泵手动控制"的"启动"按钮,手动启动喷淋泵,观察压力表指示的压力值,当压力超过 0.3 MPa 时,即可以停下喷淋泵(按下"喷淋泵手动控制"的"停止"按钮);

④将"喷淋泵工作方式"拨到"自动"位置,此时系统已经处于伺应状态。

(2)灭火功能试验操作

①打开第一层上的"试验阀",使其处于半开启状态(阀柄与管道约成 45°角);

②此时第一层上的"水流指示器"首先检测到水流动作,并将水流信号转换成电信号传送到灭火控制柜,灭火控制器检测到该信号后,点亮"水流指示器 1"指示灯,提示控制中心试验阀的楼层位置为第一层;

③"试验阀"打开后,湿式报警阀内管网系统侧水压下降,阀瓣上、下形成压差,阀瓣开启,由气压罐供水灭火,同时一部分水通过阀座内小孔流入报警管道到报警延迟器,5~20 s 后水充满延迟器,推动水力警铃发出铃声报警,同时压力开关动作;

④灭火控制器检测到压力开关的动作信号后,启动喷淋水泵;

⑤关闭第一层上的"试验阀"(阀柄与管道约成 90°角),水流停止,压力开关信号消失,喷淋水泵自动停止;

⑥通过该试验操作,说明系统已经处于正常状态。

(3)火灾模拟和灭火操作

①按照"伺应状态操作"步骤,重新使喷淋灭火系统处于伺应状态;

②手动按下第一层感烟探测器上"TEST"按钮灯,模拟火灾出现前的烟雾状态,

此时感烟探测器发出报警信号；

③灭火控制器检测到感烟探测器的报警信号后，点亮"感烟探测器 1"指示灯，提示控制中心烟雾出现在第一层，同时声光报警器启动；

④将"火灾模拟"旋钮拨到"启动"位置，模拟一层有火情出现导致喷头破碎；

⑤此时第一层上的"水流指示器"首先检测到水流动作，并将水流信号转换成电信号传送到灭火控制柜，灭火控制器检测到该信号后，点亮"水流指示器 1"指示灯，提示控制中心着火点的楼层位置为第一层；

⑥"火灾模拟"启动后，湿式报警阀内管网系统侧水压下降，阀瓣上、下形成压差，阀瓣开启，由气压罐供水灭火，同时一部分水通过阀座内小孔流入报警管道到报警延迟器，5～20 s 后水充满延迟器，推动水力警铃发出铃声报警，同时压力开关动作；

⑦灭火控制器检测到压力开关的动作信号后，启动喷淋泵供水灭火；

⑧将"火灾模拟"旋钮拨到"停止"位置，模拟火被扑灭，水流停止，压力开关信号消失，喷淋水泵自动停止；

⑨手动按下第一层感烟探测器上"RESET"按钮灯，模拟烟雾消失，此时感烟探测器发出报警信号消失，"感烟探测器 1"指示灯熄灭，声光报警器停止。

9.3.2.5　实验报告

(1)简述喷淋灭火系统伺应状态操作步骤。

(2)简要叙述灭火功能试验操作步骤。

(3)简要叙述火灾模拟和灭火操作步骤。

9.3.2.6 学生自评与教师评价

(1)学生自评

实验时间：_____ 姓名：_____

实验地点：_____ 学号：_____

学生自评：

学生签字：

日期：

(2)教师评价

分项	实验预习	实验操作	实验报告	实验自评	实验总评
成绩					
教师签字					

注:总评成绩＝实验预习成绩×30％＋实验操作成绩×30％＋实验报告成绩×30％＋实验自评成绩×10％,成绩为百分制。

教师评语：

教师签字：

日期：

思考题

1. 燃烧的基本条件是什么？防火灭火基本方法有哪些？
2. 简述火灾等级分类。
3. 简述火灾分类及灭火措施。
4. 常用灭火器有哪些？常见灭火剂的使用范围是什么？
5. 简述救火一般原则。

生活小贴士：报火警说什么

在中国大陆可以拨打 119 火警电话向公安消防部门报火警。在报火警时，需要说清楚以下内容：

1. 发生火灾的详细地址。
2. 起火物。
3. 火势情况。
4. 报警人姓名及所用电话号码。

本章参考文献

［1］崔克清. 安全工程燃烧爆炸理论与技术［M］. 北京：中国计量出版社，2010：3-4.

［2］狄建华. 火灾爆炸预防［M］. 北京：国防工业出版社，2007：106-110.

［3］科普图鉴编辑部. 自然灾害与防灾应急避险实用百科［M］. 北京：人民邮电出版社，2016：199-203.

［4］THPPL-1 型喷淋灭火系统实训装置使用说明书.

第 10 章　粉尘爆炸认知与实验

10.1　粉尘爆炸基础知识

粉尘爆炸看似离我们的日常生活很远,却又与我们的生活相关;以前只有在工业领域才会发生的粉尘爆炸可能就隐藏在你的身边。例如,2015 年 6 月 30 日,台湾某水上乐园的彩色派对上因喷洒彩色玉米粉发生粉尘爆炸,造成 190 多人重伤。

粉尘爆炸涉及的范围很广,煤炭、化工、医药加工、木材加工、粮食和饲料加工等部门都时有发生。如 1952 至 1979 年间,日本发生各类粉尘爆炸事故 209 起,伤亡共 546 人,其中以粉碎制粉工程和吸尘分离工程较突出,各为 46 起。联邦德国 1965 至 1980 年发生各类粉尘爆炸事故 768 起,其中较严重的是木粉及木制品粉尘和粮食饲料爆炸事故,分别占 32% 和 25%。近几年来,我国粉尘爆炸的发生频率和严重程度呈增加趋势,1987 年哈尔滨亚麻厂的亚麻尘爆炸事故,死亡 58 人,轻、重伤 177 人,直接经济损失 882 万元;2014 年 8 月 2 日,江苏昆山中荣金属制品有限公司抛光二车间发生的特别重大铝粉尘爆炸事故,造成 97 人死亡、163 人受伤,直接经济损失 3.51 亿元。

因此,粉尘爆炸问题应充分重视起来,全民学习和宣传粉尘爆炸相关知识十分必要。

10.1.1　粉尘爆炸常用术语

(1)粉尘爆炸(dust explosion)[1]
可燃固体微粒悬浮在空气中,达到一定浓度时,被火源点燃引起的爆炸。
(2)可燃粉尘(combustible dust)
在一定条件下能与气态氧化剂(主要是空气)发生剧烈氧化反应的粉尘。
(3)粉尘爆炸危险场所(area subject to dust explosion hazards)
存在可燃粉尘和气态氧化剂(主要是空气)的场所。
(4)惰化(inerting)
向有粉尘爆炸危险的场所充入足够的惰性物质,使粉尘混合物失去爆炸性的技术。

（5）抑爆（explosion suppression）

爆炸发生时，通过物理化学作用扑灭火焰，使未爆炸的粉尘不再参与爆炸的控爆技术。

（6）阻爆（隔爆）（explosion arrestment）

在含有可燃粉尘的通道中，设置能够阻止火焰通过和阻波、消波的器具，将爆炸阻断在一定范围内的控爆技术。

（7）泄爆（venting of dust explosion）

有粉尘和主要是空气存在的围包体内发生爆炸时，在爆炸压力达到围包体的极限强度之前，使爆炸产生的高温、高压燃烧产物和未燃物通过围包体上的薄弱部分向无危险方向泄出，使围包体不致被破坏的控爆技术。

（8）二次爆炸（subsequent explosion）

发生粉尘爆炸时，初始爆炸的冲击波将沉积粉尘再次扬起，形成粉尘云，并被其后的火焰引燃而发生的连续爆炸。

10.1.2　粉尘爆炸

粉尘爆炸是悬浮于空气中的可燃粉尘触及点火源时发生的一种爆炸现象，因为固体物质颗粒微小，总表面积很大，所以很容易着火。现在已经发现的具有爆炸危险性的粉尘有：金属粉尘（如镁粉、铝粉）、煤炭粉尘（如煤尘、活性炭尘）、粮食粉尘（如面粉、淀粉）、饲料粉尘（如血粉、鱼粉）、农副产品粉尘（如棉花粉尘、烟草粉尘）、林产品粉尘（如纸粉、木粉）、合成材料粉尘（如塑料、染料）等[2]。

10.1.2.1　粉尘爆炸发生的条件

粉尘爆炸要发生必须满足三个基本条件，缺少任何一个条件，粉尘爆炸都不会发生。粉尘爆炸发生的条件为：

（1）粉尘本身具有爆炸性（可氧化性）；

（2）粉尘必须悬浮在空气中预混，并且粉尘浓度达到爆炸极限；

（3）有足以引起粉尘爆炸的火源。

10.1.2.2　爆炸极限

可燃物质（可燃气体、蒸气和粉尘）与空气（氧气）必须在一定浓度范围内均匀混合，形成预混气，遇到火源才会发生爆炸，这个浓度范围称为爆炸极限。将可燃性混合物能够发生爆炸的最低浓度和最高浓度，分别称为爆炸下限和爆炸上限。在低于爆炸下限和高于爆炸上限浓度时，既不爆炸，也不着火。这是由于前者的可燃物浓度不够，过量空气的冷却作用，阻止了火焰的蔓延，此时活性中心的销毁数大于产生数。而后者则是空气不足、火焰不能蔓延的缘故。几种常见粉尘的爆炸参数见表 10-1。

表 10-1　　几种常见粉尘的爆炸相关参数

粉尘类别	云状粉尘自燃点(℃)	爆炸下限(g/m³)	最大爆炸压力(MPa)
铝	645	35	0.61
镁	520	20	0.44
锌	680	500	0.09
铁	315	120	0.17
烟煤	610	35	0.31

10.1.2.3　粉尘爆炸过程

(1)第一步是悬浮的粉尘在热源作用下迅速地干馏或汽化而产生可燃气体。

(2)第二步是可燃气体与空气混合而燃烧。

(3)第三步是粉尘燃烧放出的热量,以热传导和火焰辐射的方式传递给附近悬浮的或被吹扬起来的粉尘,这些粉尘受热汽化后使燃烧循环地进行下去。随着每个循环的逐次进行,其反应速度将逐渐加快,会剧烈地燃烧,最后形成爆炸。

10.1.2.4　影响粉尘爆炸的因素

影响粉尘爆炸的因素主要有:

(1)粉尘的颗粒度;

(2)粉尘挥发性、粉尘水分、粉尘灰分;

(3)火源强度。

10.1.2.5　粉尘爆炸的特点

(1)多次爆炸是粉尘爆炸的最大特点;

(2)粉尘爆炸所需的最小点火能较高,一般在几十毫焦耳以上;

(3)与可燃气体爆炸相比,粉尘爆炸压力上升较缓慢,高压力持续时间长,释放出的能量大,破坏力强,破坏范围较广。

10.1.2.6　粉尘爆炸的预防原则

(1)防止爆炸预混物的形成;

(2)严格控制点火源;

(3)在粉尘爆炸开始时就及时泄放压力[3];

(4)切断粉尘爆炸的传播途径;

(5)减弱爆炸冲击波超压对人员、设备和建筑物的破坏。

10.1.3　面粉爆炸

面粉爆炸,是指面粉颗粒遇明火产生爆炸的现象。生产过程中,会产生大量的细微面粉粉尘,当这些粉尘悬浮于空中,并达到很高的浓度时,比如每立方米空气中含有 9.7 g 面粉时,一旦遇有火苗、火星、电弧或适当的温度,瞬间就会燃烧起来,形成猛烈的爆炸,其威力很大。粉尘之所以会爆炸,是因为粉尘具有较大的表面积。与块状物质相比,粉尘化学活性强,接触空气面积大,吸附氧分子多,氧化放热过程快。当条件适当时,如果其中某一小部分粉尘被火点燃,就会发生连锁反应,爆炸就发生了。

面粉发生爆炸的原因是多方面的。首先,面粉和糖的组成中都含有碳、氢等元素,它们都是可燃物。不过,虽然面粉和砂糖都是可燃物,但我们从平时的生活实践中知道,它们不会像火药那样一点就燃。它们爆炸的重要条件是粉尘的颗粒要足够细。

面粉工厂在生产过程中,会产生大量的面粉和砂糖的极细微的粉尘,这些粉尘到处飘扬。当这些粉尘悬浮于空中,并达到一定的浓度(爆炸极限)时,比如每立方米空气中含有 9.7 g 面粉或 9 g 砂糖时,一旦遇有火苗、火星、电弧或适当的温度,瞬间就会燃烧起来,形成猛烈的爆炸。读者可以自行在家里做小型的面粉爆炸实验,但要注意保证安全。详情见人教版《义务教育课程标准实验教科书　化学》(九年级上册第七单元　课题 1　燃烧和灭火)实验 7-2 的"面粉爆炸实验"。

10.2　粉尘爆炸事故案例

10.2.1　哈尔滨亚麻厂粉尘爆炸事故

1987 年 3 月 15 日凌晨 2 时 39 分,哈尔滨亚麻厂发生特别重大粉尘爆炸事故,13000 平方米厂房,变成一片被浓烟烈火包围的废墟。爆炸从贯穿梳麻、前纺、准备三个车间的 1570 平方米的粉尘通道开始,含有亚麻纤维粉尘微粒的空气突然燃烧爆炸膨胀,产生强大的冲击力,一尺厚的水泥盖被击碎、拱起,手指般粗的钢筋和水泥浇铸的墙壁被炸得变形倒塌,十几吨重的机器被抛向空中,强大的气浪把锯齿形房盖的玻璃冲成碎渣,连同窗框飞到百米之外,10 个比邻的房顶在烈火中坍塌。从地下冲出的火球,在车间腾飞滚动,把一切可燃物质点着,顷刻间,正上夜班的 477 名工人陷身一片火海。

这是世界亚麻行业最严重的大爆炸,据统计,夜班工人 477 人,经抢救 242 人安全脱险,死伤共 235 人,女性职工占 80%。截至 4 月 30 日,58 人不幸遇难(包括在医院死亡的 7 人),其中包括孕妇 3 人。烧伤 177 人,重伤 65 人,轻伤 112 人。

这场灾难的根源,是长期以来一直被人们忽视的细微尘埃。但是引起这起爆炸事故的火源,有关方面组织人员进行了多方面的调查,提出了几种不同的看法,如静电、电气、撞击等,但因为现场遭到严重破坏,难以找到强有力的证据,最后未能取得完全一致的意见。

事故发生后,厂长、一名副厂长被撤职,纺织工业局局长,一名副局长分别受到记过和记大过的处分,一名副市长(兼市经委主任、市工业生产安全委员会主任)也受到记过处分。

10.2.2 昆山"8·2"粉尘爆炸事故

2014 年 8 月 2 日 7 时 34 分,位于江苏省苏州市昆山市昆山经济技术开发区的昆山中荣金属制品有限公司抛光二车间发生特别重大铝粉尘爆炸事故,当天造成 75 人死亡、185 人受伤。依照《生产安全事故报告和调查处理条例》(国务院令第 493 号)规定的事故发生后 30 日报告期,共有 97 人死亡、163 人受伤(事故报告期后,经全力抢救医治无效陆续死亡 49 人,尚有 95 名伤员在医院治疗,病情基本稳定),直接经济损失 3.51 亿元。

事故原因:

(1)根据事故暴露出来的问题和初步掌握的情况,企业厂房没有按二类危险品场所进行设计和建设,违规双层设计建设生产车间,且建筑间距不够。

(2)生产工艺路线过紧过密,2000 m^2 的车间内布置了 29 条生产线,300 多个工位。

(3)除尘设备没有按规定为每个岗位设计独立的吸尘装置,除尘能力不足。

(4)车间内所有电器设备没有按防爆要求配置。

(5)安全生产制度和措施不完善、不落实,没有按规定每班按时清理管道积尘,造成粉尘聚集超标;没有对工人进行安全培训,没有按规定配备阻燃、防静电劳保用品;违反劳动法规,超时组织作业。

(6)当地政府的有关领导责任和相关部门的监管责任落实不力。

(7)问题和隐患长期没有解决,粉尘浓度超标,遇到火源,发生爆炸,是一起重大责任事故。事故的责任主体是中荣金属制品公司,主要责任人是企业法人代表、董事长吴某等相关负责人。

10.3 粉尘爆炸实验

10.3.1 粉尘爆炸性鉴定实验

10.3.1.1 实验目的

(1)了解常见爆炸性粉尘。

(2)学会鉴定粉尘的爆炸倾向性。

哪些粉尘容易发生爆炸?

10.3.1.2　实验仪器及材料

(1)煤尘爆炸性鉴定仪　　　　　　　　　　　1 台
(2)烘干标准煤样　　　　　　　　　　　　　若干
(3)镁粉　　　　　　　　　　　　　　　　　若干
(4)木粉　　　　　　　　　　　　　　　　　若干
(5)面粉　　　　　　　　　　　　　　　　　若干

10.3.1.3　实验原理

(1)煤尘爆炸性鉴定

《煤矿安全规程》第一百五十一条规定:"新矿井的地质精查报告中,必须有所有煤层的煤尘爆炸性鉴定资料。生产矿井每延深一个新水平,应进行 1 次煤尘爆炸性试验工作。煤尘的爆炸性由国家授权单位进行鉴定,鉴定结果必须报煤矿安全监察机构备案。"此条规定煤矿必须对矿井煤样进行煤尘爆炸性鉴定试验[4]。

目前国际上对煤尘进行爆炸性鉴定的方法是在石英玻璃大管中进行煤尘云测试。通过煤粉在高温 1100℃时的火焰情况,判定是否有火焰,10 次试验中最长的火焰长度,加入岩粉重量三个指标对煤尘的爆炸性进行鉴定。

(2)设备简介[5]

以 CJD-II 型煤尘爆炸性鉴定仪为例,简要介绍实验设备情况。CJD-II 型煤尘爆炸性鉴定仪是鉴定煤尘爆炸危险性的专业分析设备,是依据 AQ 1045—2007《煤尘爆炸性鉴定规范》研制而成,用于对开采矿层和地质勘探煤层进行煤尘爆炸性鉴定的专用装置。

煤尘爆炸性鉴定仪装置由造尘云部分、燃烧部分、通风排烟除尘部分和箱体四个部分组成。造尘云部分由试样管、空气压缩机、电磁阀及导管组成;燃烧部分由大玻璃管、加热器及其温度控制系统组成;通风排烟除尘部分是由弯管、滤尘箱及吸尘器组成。

主要技术指标:
①试样量:1 g/次
②试样粒度:0.075 mm
③工作环境:温度 0～50℃,相对湿度≤85%

10.3.1.4　实验内容

(1)取 1 g 烘干标准煤样,装入鉴定仪的喷枪中,将煤尘爆炸性鉴定仪通电,启动加热器按钮,观察温度显示器,待电热丝被加热至 1100℃时按下喷射按钮同时观察火焰长度并做标记,用刻度尺测量火焰长度并记录,最后将喷枪和大玻璃管清理干净准备进行下一次实验。重复多次实验,完成表 5-2。

(2)将待测试试样换成镁粉、木粉、面粉分别进行试验,具体操作仿照步骤 1 进行。

10.3.1.5　实验安全要点

(1)正确使用煤尘爆炸性鉴定仪,防止使用不当造成人身伤害。

(2)每次实验结束后必须立刻将实验设备清理干净,防止影响后续实验。

(3)未经老师允许不得随意触碰实验器材。

10.3.1.6　实验报告

(1)将标准烘干煤样爆炸性鉴定数据填入表 10-2 中,并分析此样品的爆炸倾向性。

表 10-2　标准烘干煤样爆炸性鉴定数据表

编号	1	2	3	4	5
火焰长度					

分析:

(2)将镁粉爆炸性鉴定数据填入数据记录表 10-3 中,并分析此样品的爆炸倾向性。

表 10-3　镁粉爆炸性鉴定数据表

编号	1	2	3	4	5
火焰长度					

分析:

(3)将木粉爆炸性鉴定数据填入表 10-4 中,并分析此样品的爆炸倾向性。

表 10-4　木粉爆炸性鉴定数据表

编号	1	2	3	4	5
火焰长度					

分析:

(4)将面粉爆炸性鉴定数据填入表 10-5 中,并分析此样品的爆炸倾向性。

表 10-5　面粉爆炸性鉴定数据表

编号	1	2	3	4	5
火焰长度					

分析:

10.3.1.7　学生自评与教师评价

(1)学生自评

实验时间：＿＿＿＿＿＿＿＿　　　　　　　姓名：＿＿＿＿＿＿＿＿

实验地点：＿＿＿＿＿＿＿＿　　　　　　　学号：＿＿＿＿＿＿＿＿

学生自评：

学生签字：

日期：

(2)教师评价

分项	实验预习	实验操作	实验报告	实验自评	实验总评
成绩					
教师签字					

注:总评成绩＝实验预习成绩×30％＋实验操作成绩×30％＋实验报告成绩×30％＋实验自评成绩×10％,成绩为百分制。

教师评语：

教师签字：

日期：

10.3.2　面粉粉尘爆炸设计性实验

面粉粉尘真的会爆炸吗?

10.3.2.1　实验目的

(1)了解面粉粉尘的机理。

(2)学会设计面粉粉尘爆炸实验。

(3)培养学生设计简易、安全实验装置的能力。

10.3.2.2　实验仪器及材料

(1)实验仪器(自行设计选择生活中易得到的物品,如饮料瓶、蜡烛、打气筒、软皮管等)　　　　　　　若干

(2)面粉　　　　　　若干

10.3.2.3　实验原理及步骤

(1)实验原理参照本章 10.1.3 的内容。

(2)设计性实验的步骤:

①明确实验要解决的问题;

②查阅相关资料;

③选择合适的原料并确定实验方法;

④根据实验方法,确定实验所用到的仪器设备;

⑤细化实验步骤,明确实验成功的关键环节,以及每个环节可能遇到的问题,预判各步骤实验现象,并整理成详尽的实验流程图;

⑥实施实验以验证设计的可靠性;如有问题,根据需要重回 3 或 4 或 5 步,改进设计。

10.3.2.4　实验安全要点

(1)实验设计完成后,需经老师检查所设计实验装置的安全可靠性,未经老师允许不得随意进行实验。

(2)为安全起见,建议设计小微型实验装置。

(3)实验时,试验台周围不得有可燃物,并且要在旁边准备好灭火器。

10.3.2.5　实验报告

(1)简述设计思路,画出设计实验草图。

(2)简述所设计实验的步骤和实验现象。

(3)提出面粉爆炸设计性实验的改进措施。

10.3.2.6　学生自评与教师评价

(1)学生自评

实验时间:_____　　　　　　　姓名:_____

实验地点:_____　　　　　　　学号:_____

学生自评:

学生签字:

日期:

(2)教师评价

分项	实验预习	实验操作	实验报告	实验自评	实验总评
成绩					
教师签字					

注:总评成绩=实验预习成绩×30%+实验操作成绩×30%+实验报告成绩×30%+实验自评成绩×10%,成绩为百分制。

教师评语:

教师签字:

日期:

思考题

1. 发生粉尘爆炸必须满足哪些条件？
2. 简述粉尘爆炸过程。
3. 影响粉尘爆炸的因素有哪些？
4. 粉尘爆炸有哪些特点？
5. 粉尘爆炸的预防原则是什么？

生活小贴士：生活中预防粉尘爆炸的措施

1. 注意通风换气

通风换气可以稀释局部空间空气中的粉尘浓度，使粉尘浓度低于爆炸下限，即便有明火出现也不会发生粉尘爆炸。

2. 注意保持空气湿度

给空气加湿是一项简便、经济、有效的防尘措施。粉尘遇水后很容易吸收、凝聚、增重，这样可大大减少粉尘的产生及扩散，不仅改善了环境的空气质量，还在很大程度上降低了粉尘爆炸的可能性。

3. 严格控制明火

控制明火就是控制点火源，没有点火源，即使粉尘浓度达到爆炸极限也不会发生粉尘爆炸。

本章参考文献

[1] 国家安全生产监督管理总局. 粉尘防爆安全规程：GB 15577—2007,2007:2-3.
[2] 张永亮.《严防企业粉尘爆炸五条规定》宣传教育读本[M]. 北京:中国劳动社会保障出版社, 2015:10-11.
[3] 狄建华. 火灾爆炸预防[M]. 北京:国防工业出版社,2007:36-37.
[4] 国家安全生产监督管理总局. 煤尘爆炸性鉴定规范：AQ 1045—2007,2007.
[5] CJD-Ⅱ型煤尘爆炸性鉴定仪使用说明书.